Bibliografische Information der Deutschen Nationalbibliothek:

Die Deutsche Bibliothek verzeichnet diese Publikation in der Deutschen Nationalbibliografie; detaillierte bibliografische Daten sind im Internet über http://dnb.d-nb.de/ abrufbar.

Impressum:

Druck und Bindung: Books on Demand GmbH, Norderstedt Germany
ISBN: 9783668480001

Dieses Buch bei GRIN:

http://www.grin.com/de/e-book/370285/technische-und-oekonomische-evaluierung-des-oesterreichischen-pelletmarktes

Daniel Fankhauser

Technische und ökonomische Evaluierung des österreichischen Pelletmarktes

GRIN Verlag

Fachhochschule Burgenland GmbH
Steinamangerstraße 21
A-7423 Pinkafeld

Technische und ökonomische Evaluierung des österreichischen Pelletmarktes

Forschungskolleg

Eingereicht von: Ing. Daniel Fankhauser, BSc
Datum: 14. Mai 2015

INHALTSVERZEICHNIS

1 EINLEITUNG

In der Europäischen Union wurde im Jahr 2010 eine Wachstums- und Beschäftigungsstrategie beschlossen. Diese beinhaltet fünf EU-Kernziele für das Jahr 2020. Eines der fünf Ziele ist die Erreichung der 20-20-20- Klimaschutz/Energieziele. Dies bedeutet, dass

- 20 % weniger Treibhausgasemissionen gegenüber 1990 emittiert werden.
- der Anteil an erneuerbaren Energien um 20% erhöht wird.
- die Energieeffizienz um 20% erhöht wird. (Europäische Kommission, 2014)

In Österreich wurden die EU-Energieziele auf nationale Ziele angepasst. Die Treibhausgase sollen um 16% auf das Basisjahr 2005 reduziert, die Energieeffizienz soll um 31,5% und der Anteil an erneuerbaren Energien auf 34% erhöht werden. (Bundeskanzleramt, 2010. S.13).
Im Jahr 2005 wurde eine österreichische Klimainitiative gestartet, die auch die Verwendung bzw. den Umstieg auf erneuerbare Energieträger erleichtern soll (BMLFUW, 2015). Für den Haushalt gab es im Bereich der Wärmebereitstellung ein großes Potential, den fossilen mit erneuerbaren Brennstoff zu substituieren. Die österreichischen Haushalte verwenden für die Produktion von thermischer Energie unterschiedliche Energieträger, wie in Abbildung 1-1 ersichtlich ist.
Darin ist erkennbar, dass viele österreichische Haushalte noch mit fossilen Energieträgen wie Öl und Erdgas beheizt werden. Als positiver Trend ist einerseits die Zunahme von fester Biomasse in Form von Holz, Waldhackschnitzel, Pellets, Holzbriketts und andererseits die Abnahme von fossilen Brennstoffen.
Für die Klimaziele besonders hervorzuheben ist, dass sich immer mehr Haushalte für eine dezentrale Energieversorgung in Form von Fernwärme entscheiden. Bei dieser Energieversorgungsmethode wird je nach Betreiber ein Brennstoffmix aus Biomasse und Erdgas bzw. solare Wärme verwendet (Statistik Austria, 2015a).

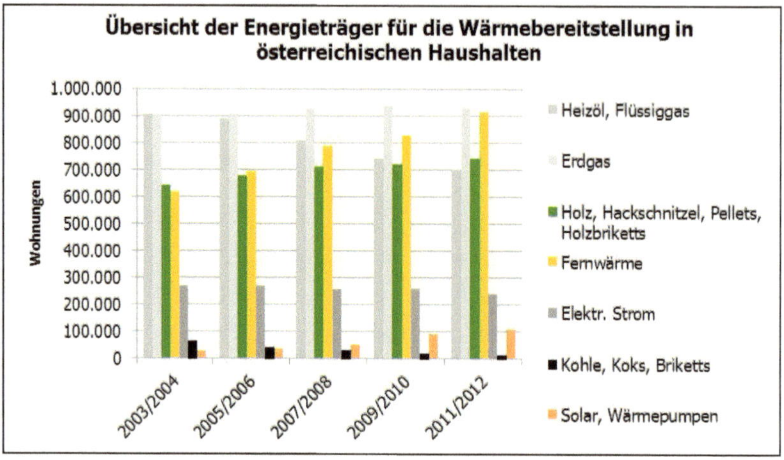

Abbildung 1-1 Darstellung der Energieträger für die Wärmebereitstellung in österreichischen Haushalten, eigene Darstellung (Statistik Austria, 2015a)

Die feste Biomasse bietet ein großes Zukunftspotential für die Wärmebereitstellung in den österreichischen Haushalten. Sie fördert die nachhaltige Wertschöpfungskette, reduziert die Abhängigkeit zu fossilen Brennstoffen und stärkt zudem die österreichische Forstwirtschaft. Diese produziert für die stoffliche und energetische Nutzung des Holzes jährlich mehr als im Inland benötigt wird, weswegen der Überschuss ins Ausland exportiert wird. Durch den Biomasseboom im Energiebereich ist die Nachfrage an Energiehölzern im Jahr 2005 gestiegen. (Jauschnegg & Pfemeter, 2013)

Zur Befeuerung von Biomassekesseln wird Energieholz aus Holznebenprodukten benötigt. Diese Holznebenprodukte werden auch stofflich genutzt und vor allem in der österreichischen Papierindustrie eingesetzt. Die Papierindustrie steht aufgrund der vielen internationalen Marktmitbewerber unter Preisdruck. Aufgrund der verstärkten Nachfrage an Holznebenprodukten steigen die Holzpreise am Markt und durch Importe soll der Einkaufspreis für Energieholz gering gehalten werden. (Berner, 2013)

In dieser Arbeit sollen österreichweite Erhebungen der Holzstoffströme (Input/Output) sowie Standorte für die Produktion des Energieholzes bzw. von Pellets erfolgen. Weiters sollen die Herstellungskosten und Marktpreise der Pellets in Österreich ermittelt werden. Abschließend soll ein Ausblick auf mögliche Entwicklungen am Pelletsmarkt erfolgen.

2 GRUNDLAGEN

In diesem Kapitel erfolgt eine Darstellung des österreichischen Bruttoinlandsverbrauchs Energie (BIV). Eingehend auf die Fragestellung dieser Arbeit wird der Rohstoff Holz sowie der Holzmarkt in Österreich mit Schwerpunkt Energieholz betrachtet. Abschließend erfolgen grundlegende Informationen über die Holzpellets sowie deren Normung.

2.1 Energie in Österreich

Der Bruttoinlandsverbrauch wird von der Statistik Austria seit 1970 aufgezeichnet. In Abbildung 2-1 ist der österreichische Energieverbrauch mit Unterteilung in erneuerbare und nicht erneuerbare Energien dargestellt. Im Jahr 1970 betrug der Primärenergieeinsatz noch 800PJ, in 43 Jahren stieg dieser auf rund 1400PJ jährlich an. Über den betrachteten Zeitraum von 1970 bis 2013 stieg der jährliche Anteil an erneuerbaren Energien von 15% bzw. 123PJ auf 30% bzw. 424PJ an. (Biermayer, 2013) Der Anteil von Holz im Bruttoinlandsverbrauch steigerte sich von ursprünglich 6% bzw. 45PJ auf ca. 14% bzw. rund 200PJ.

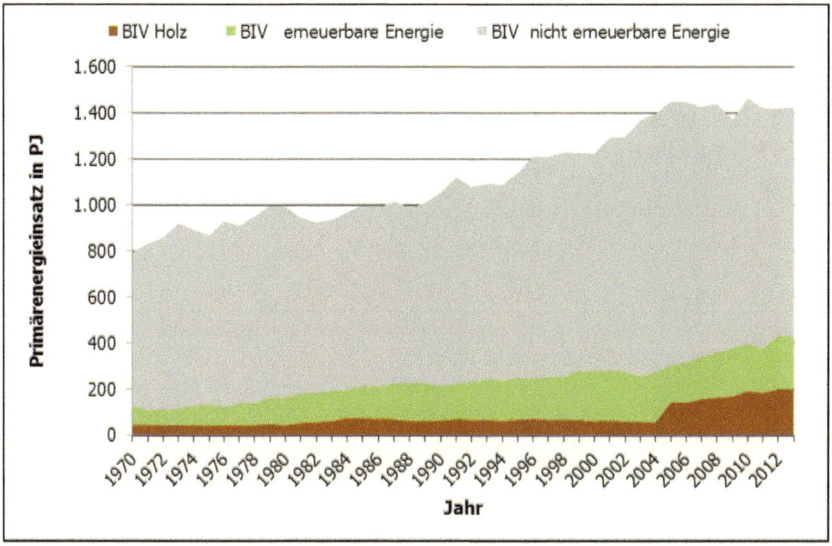

Abbildung 2-1 Bruttoinlandsverbrauch Energie mit Kategorisierung erneuerbare und nicht erneuerbare Energie, eigene Darstellung (Statistik Austria, 2015)

Aus der Abbildung 2-2 ist die Entwicklung des Bruttoinlandsverbrauchs zu entnehmen und zeigt die Zunahme in beiden Bereichen an. Demnach ist das Verhältnis erneuerbarer zu nicht erneuerbarer Energie meist konstant geblieben. In der Kategorie „Bruttoinlandsverbrauch erneuerbare Energie" ist der Rohstoff Holz seit 1970 ein wichtiger Bestandteil. Der Anteil von Holz an der Gesamtmenge der erneuerbaren Energieträger liegt über dem betrachteten Zeitraum nahezu konstant bei 50%. Im Detail Ist ab dem Jahr 1984 eine Abnahme des Bruttoinlandsverbrauches von Holz erkennbar. Dieser Abwärtstrend wurde 2005 durch die österreichische Klimastrategie sowie durch Umweltinitiativen umgekehrt (BMLFUW, 2015). In den letzten acht Jahren konnte dadurch der Bruttoinlandsverbrauchanteil an erneuerbaren Energien um 100PJ gesteigert werden. Die dazugehörige Entwicklung des Bruttoinlandverbrauches von 2005 bis 2013 ist in ersichtlich. (Statistik Austria, 2015b)

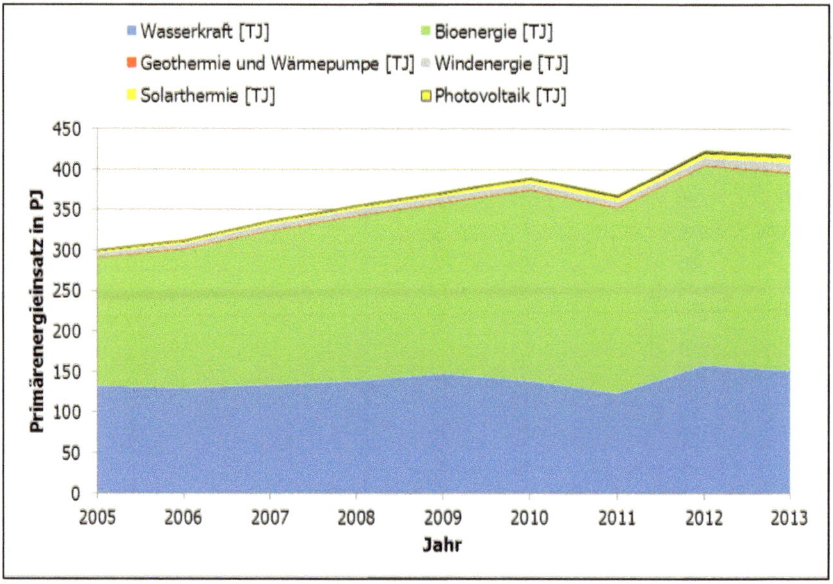

Abbildung 2-2 Zusammensetzung des Bruttoinlandsverbrauchs von erneuerbarer Energie, eigene Darstellung (Statistik Austria, 2015b

Die Kategorien „Wasserkraft" und „Bioenergie" bilden die zwei wichtigsten Bruttoinlandsverbräuche der erneuerbaren Energie. Weiters hat die Bioenergie den größten Zuwachs von 2005 bis 2013 zu verzeichnen. Zum Jahr 2013 ist laut Statistik Austria im „Bruttoinlandsverbrauch erneuerbare Energie" ein Holzanteil von ca. 47% bzw. 200PJ ausgewiesen und für den gesamten Bereich ist ein Inlandsverbrauch von 417,8PJ angegeben.

Der „Bruttoinlandsverbrauch Bioenergie“ ist ein Energiemix aus fester, flüssiger oder gasförmiger Biomasse (Jauschnegg & Pfemeter, 2013, S.4). Zu Aufzeichnungsbeginn im Jahr 2005 wurden rund 160PJ Bioenergie erzeugt. Nach acht Jahren konnte der Anteil um 85PJ angehoben werden und betrug im Jahr 2013 rund 240PJ. Aus Abbildung 2-3 ist ersichtlich, dass der Sektor Bioenergie großteils aus fester Biomasse besteht. Der jährliche Holzanteil an der gesamten Bioenergie lag laut Statistik Austria zu Beginn der Aufzeichnungen bei 142PJ bzw. 89% und an deren Ende bei 200PJ bzw. 81,4%. (Statistik Austria, 2015b)

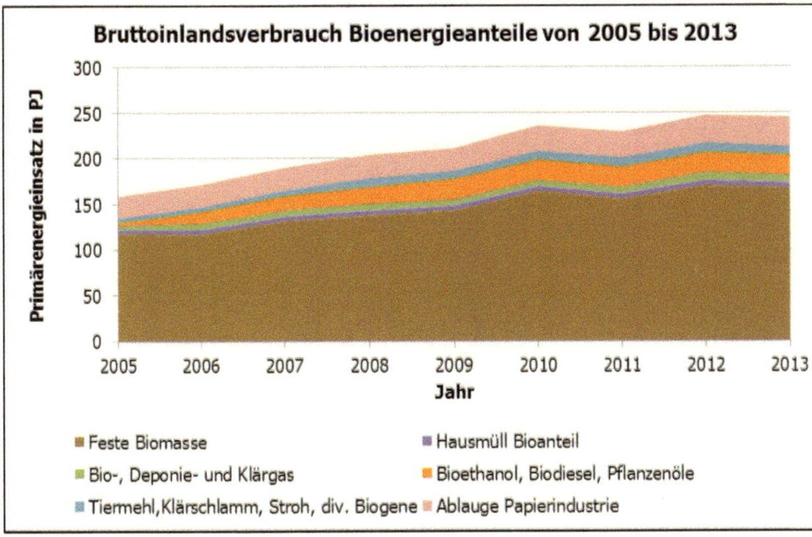

Abbildung 2-3 Zusammensetzung des Bruttoinlandsverbrauchs Bioenergie, eigene Darstellung (Statistik Austria, 2015b)

2.2 Rohstoff Holz

Nach Höher & Strimitzer (2014a) sind rund 50% der Fläche von Österreich mit Wald bedeckt. Eine Vielzahl von Abnehmern aus der Säge-, Papier-, Platten- und der Holzverarbeitenden Industrie bekommen die Holzressourcen aus dem Wald. Diese Holzressourcen werden für stoffliche und energetische Verwendungen verarbeitet.

Laut Lang (2013) kann die Herkunft von Holz für die stoffliche und energetische Verwendung unterschiedlich sein:

- Wald (Sägerundholz, Industrierundholz, Brennholz mit Rinde)
- Nebenprodukte und Rückstände aus holzverarbeitender Industrie (Sägenebenprodukte, Industrierestholz, Rinde, Schnittholz und Halbfertigprodukte)

Je nach Holzqualität wird nach Lang (2013) das Holz indirekt oder direkt in den unterschiedlichen holzverarbeitenden Industrien stofflich oder energetisch durch Verbrennung in Heizanlagen, Feuerungsanlagen und Kraftwärmekopplungsanlagen verwendet. Unter einer direkten Verwendung versteht man, dass das angefallene Holzprodukt bei der Holzernte dem jeweiligen Nutzen zugeführt wird. Ein indirekt genutztes Holz wird in Form von Hackschnitzeln und Pellets bzw. als Rückstand, Nebenprodukt oder Altholz eingesetzt (kaskadische Nutzung).

Der Rohstoff Holz wird von folgenden Industriezweigen stofflich genutzt (Lang, 2013):

- Sägeindustrie
- Plattenindustrie
- Papier- und Zellstoffindustrie

Folgende österreichische Wirtschaftszweige produzieren Energiehölzer zur energetischen Verwertung (Höher & Strimitzer, 2014b):

- Plattenindustrie
- Papierindustrie
- Sägeindustrie
- Sonstige holzverarbeitende Industrien

In dieser Arbeit liegt der Schwerpunkt auf dem biogenen Brennstoff Holzpellet. Für das Endprodukt ist die holzartige Biomasse für die Pelletierung am besten geeignet. Bei der Pelletierung werden chemisch unbehandelte Industriehölzer mit oder ohne Rinde verwendet. Nach Döring (2010, S.16-18) und Obernberger & Thek (2009, S. 39) können folgende Ausgangsstoffe zur Verarbeitung in Betracht gezogen werden:

- Resthölzer aus Sägewerken
- Sägenebenprodukte (Späne, Hackgut, Spreißel,...) aus spanender Holzverarbeitungsindustrie
- Kapphölzer
- Holzstäube von sonstigen holzverarbeitenden Industrien
- Minderqualitative Rundhölzer von Sturmschäden und Borkenkäferbefall (Kamaliten) aus österreichischen Wäldern
- Waldhackgut aus dem Forsteinschlag

2.2.1 Holzvorrat

Die österreichische Waldinventur begann mit den Aufzeichnungen der Waldfläche im Jahr 1961. Dabei wurde eine österreichische Waldflächenbedeckung von 44% erhoben. Laut Abbildung 2-4 ist die Fläche des Waldes im Zeitraum von 1961 bis 2010 um 300.000 ha angestiegen. Derzeit beträgt der Bedeckungsgrad 47,6% bzw. 3,99 Millionen Hektar.

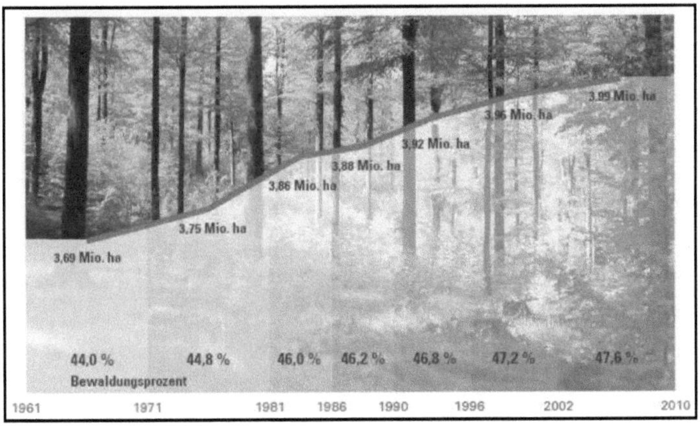

Abbildung 2-4 Waldflächenentwicklung in Österreich (Russ, 2011, S. 3)

Der österreichische Wald weist keine gleichmäßige Verteilung über das Bundesgebiet auf. Ein besonders hoher Waldanteil ist in den Mittelgebirgen und an den Berghängen des alpinen Bereichs zu finden. Der Osten des Landes ist trotz seines Zuwachses an Waldfläche in den letzten Jahren eher ein waldarmes Gebiet. (Kissling et al., 2009, S. 21-22)

Laut Kissling et al. (2009, S. 21-22) sind die Nadelwälder vorwiegend in den Bergregionen und die Laubwälder in den Ebenen und Hügelländern Österreichs anzufinden. Aus Abbildung 2-5 trägt der größte Anteil im österreichischen Wald die Kategorie Nadelholz mit 63,5%. Einen Anteil von 24,4% des Waldflächenanteils belegt das Laubholz. Die Fichte belegt rund 50% der österreichischen Waldfläche und trägt somit den größten Waldanteil. Mit rund 10% Anteil an Waldfläche folgt die Buche (Grohsebner et al., 2013).

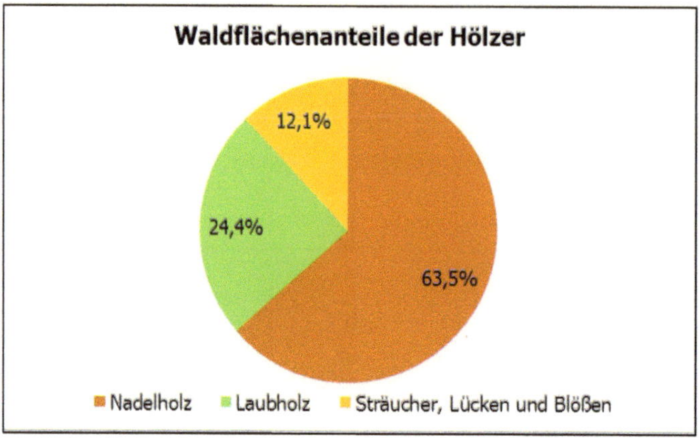

Abbildung 2-5 Darstellung der österreichischen Wadflächenanteile ,eigene Darstellung (Grohsebner et al. (2013))

Derzeit beträgt der österreichische Gesamtholzvorrat nach Jauschnegg & Pfemeter (2013, S.42) 1,095 Milliarden Kubikmeter Holz bzw. 1,135 Milliarden Vorratsfestmeter (Vfm). Davon werden derzeit jährlich 25,9 Millionen Vfm genutzt und es gibt einen Zuwachs von 30,4 Millionen Vfm pro Jahr.

2.2.2 Holzeinschlag

Jährlich wird in Österreich eine Holzeinschlagsmeldung vom Lebensministerium nach dem österreichischen Forstgesetz durchgeführt. Das Ergebnis daraus sind Informationen über Holznutzung und Besitzkategorie. Im Bereich der Holznutzung wird über das eingeschlagene Nutzholz mit der Kategorisierung in Säge- und Industrieholz sowie über das genutzte Energieholz, welches in Brennholz und Waldhackgut unterteilt wird, informiert. Des Weiteren gibt es Auskünfte über die Holzarten, Nutzungsarten, Holzverwendung und angefallenen Schadholzmengen. (Höher & Strimitzer, 2014a, Seiten 7-9)

Der Holzeinschlag ist in Österreich aufgrund meteorlogischer Ereignisse wie Sturmschäden oder biologischer Schäden durch Borkenkäfer nicht konstant. In Abbildung 2-6 sind die starken Schwankungen insbesondere bei der stofflichen Nutzung sichtbar. Im Jahr 2007 waren es noch 21,3 Millionen Festmeter Holz, die als Gesamteinschlag verzeichnet wurden. Nach der letzten Meldung im Jahr 2012 beträgt der Gesamteinschlag nur noch 18 Millionen Festmeter. Weiters ist erkennbar, dass der Bedarf an Rohholz für die energetische Nutzung über den betrachteten Zeitraum leicht zunimmt.

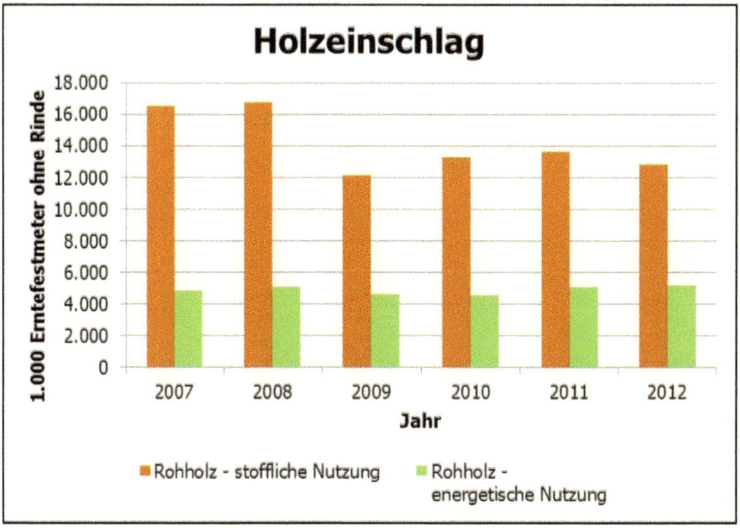

Abbildung 2-6 Holzeinschlagsmenge für stoffliche und energetische Nutzung in Österreich, eigene Darstellung (Grohsebner et al., 2013)

2.2.3 Holzaufkommen

In Österreich werden der stoffliche und energetische Holzbedarf durch Importe, Holznutzung aus den heimischen Wäldern und sonstige Holzaufkommen gedeckt. Der Begriff „sonstige Holzaufkommen" setzt sich aus Altholz, rezykliertem Holz, Lagerstandänderungen, Nutzung von Flurgehölzen und kaum erfassten Holzmengen aus dem Kleinwald zusammen. (Strimitzer, 2014)

In Abbildung 2-7 erfolgt eine Gegenüberstellung des Holzbedarfs für die Weiterverarbeitung zu Holzprodukten im Jahr 2004 und 2012. Darin ist erkennbar, dass der Gesamtholzbedarf innerhalb des betrachten Vergleichszeitraums von 38,7 Millionen Festmeter auf 40,9 Millionen Festmeter angestiegen ist. Die Importe von Sägerundholz (SRH), Industrieholz (IRH) und Brennholz mit Rinde (BH) sind gegenüber dem Jahr 2004 um 1 Million Festmeter gesunken. Der Holzeinschlag und sonstige Holzaufkommen verzeichneten einen Anstieg. Ein Anstieg in der Kategorie „sonstiges Holzaufkommen" wurde durch einen großen Anteil der bäuerlichen Kleinwälder <200ha bewirkt. Diese unterliegen nicht der Holzeinschlagsmeldung und die Holznutzung ist für Kleinwaldbesitzer nicht vorgesehen. Durch das Programm „klimaaktiv energieholz" wurden diese Potentiale mobilisiert. (Strimitzer, 2014, S. 11-12)

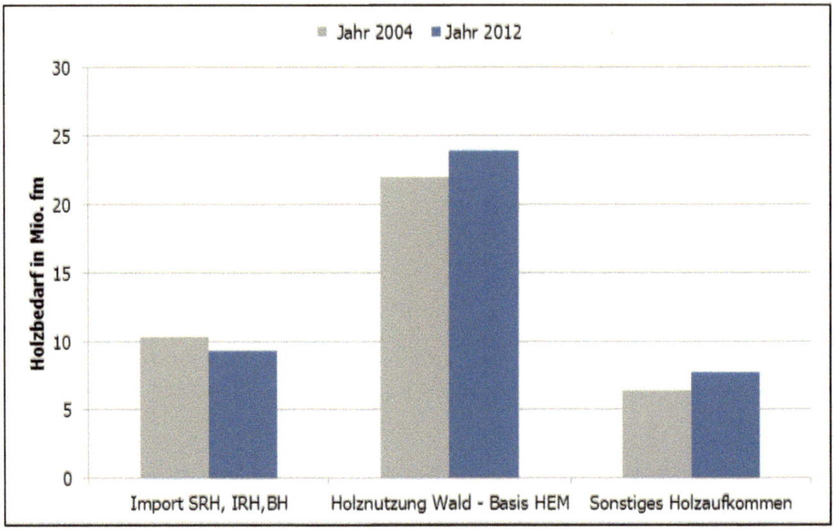

Abbildung 2-7 Holzaufkommen Gegenüberstellung Jahr 2004 und 2012, eigene Darstellung (Strimitzer, 2014)

3 HOLZPELLETS

In Österreich werden Pellets mit Brennstoffklasse A1 oder A2 hergestellt. Die dafür verwendeten Rohstoffe und Herstellungskosten werden in diesem Kapitel aufgezeigt.

3.1 Definition Pellets

Das Pellet ist nach Obernberger et al. (2009 S. 7) ein kleiner Körper in Kugel- oder Zylinderform, der aus gepressten Materialien besteht. Es wird von Pellets gesprochen, weil normalerweise nur mehrere Pellets zusammen als Schüttgut verwendet werden können.

Bei einer energetischen Nutzung werden Pellets laut ÖNORM 17135 (2000) als Holzpresslinge bezeichnet. Presslinge sind ein erzeugter Brennstoff aus verdichteten Holzteilchen in unterschiedlicher Form und Größe. Bei der kleinsten Holzpresslinggröße wird von Holzpellets gesprochen. Nach Stockinger & Obernberger (1998, S.7) sind Holzpellets gleichmäßige Körper aus pulverförmigem, körnigem oder stückigem Material mit unterschiedlicher Teilchengröße, das pelletiert wurde. Bei der Pelletierung können Presshilfsmittel eingesetzt werden um den Energiebedarf in der Produktion zu senken und die Abriebfestigkeit der Holzpellets zu erhöhen (Obernberger & Thek, 2009 S.9).

Die festen Biobrennstoffe sind aktuell nach DIN EN 14961 „Feste Biobrennstoffe - Brennstoffspezifizierung und –klassifizierung" in der Europäischen Union genormt.

In Teil 1 sind die allgemeinen Anforderungen des biogenen Festbrennstoffs definiert. Für jeden Festbrennstoff wird ein Nachweis der Rohstoffherkunft, eine Klassifizierung der Brennstoffform und die Kategorisierung relevanter Qualitätsparameter angeführt, um eine Zuordnung vornehmen und Vergleiche anstellen zu können. Die Produktstandards der Festbrennstoffe für nicht-industrielle Nutzung sind in der Norm 14961 Teil 2 bis Teil 7 (Abbildung 3-1) festgelegt. (Döring, 2010, S. 70-73)

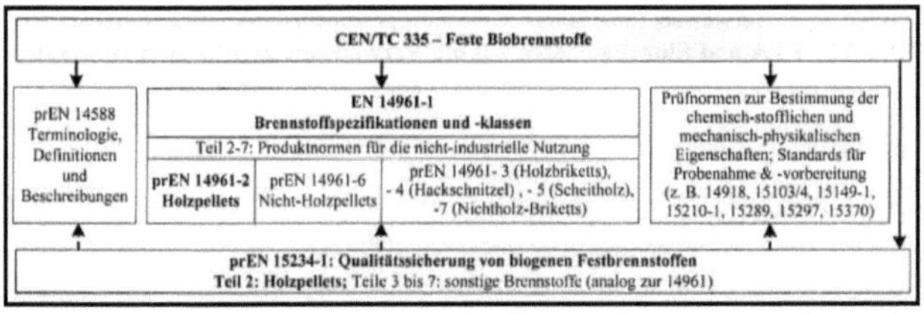

Abbildung 3-1 Europäische Standards für biogene Festbrennstoffe einschließlich spezifische Norm für Holzpellets (übernommen aus Döring, 2010, Abb. 5.2)

In der EN14961 – Teil 2 Holzpellets sind drei Brennstoffklassen definiert: A1, A2 und B, die sich in den verwendeten Rohstoffen und Brennstoffparametern unterscheiden. In den Klassen A1 und A2 wird chemisch behandeltes Holz zur Produktion von Holzpellets ausgeschlossen. Bei der Klasse B können minimale

Verunreinigungsmengen enthalten sein. Des Weiteren wird in allen Klassen der Einsatz von Additiven zur Pelletierung auf maximal zwei Prozent begrenzt. (Witt, 2012, S. 7)
Eine Überprüfung der eingehaltenen Produktnorm und Qualitätssicherung der Brennstoffeigenschaften erfolgt über Zertifizierungssysteme wie „DIN*plus*", „EN*plus*" oder „ÖNORM M7135 geprüft." Die „EN*plus*"-Zertifizierung unterscheidet sich von der EN 14961-2 in der Herstellung der Klasse A2-Pellets. In dieser Klasse werden die Holzpresslinge mit einem Rohstoff ohne Rinde gefertigt. (Witt, 2012, S. 8)
Eine strengere Qualitätsanforderung an die Holzpellets der Klasse A1 wird durch das Zertifikat „DIN*plus*" gewährt. Die „DIN*plus* Holzpellets zur Verwendung von Kleinfeuerstätten" ist ein Zusammenschluss der wichtigsten Produktanforderungen der ÖNORM M 7135 und DIN 51731 (Döring, 2010, S. 70). Nach „DIN*plus*" (2015a) gibt es die Anforderung, nur *„100% naturbelassenes Holz*" zu verwenden. Weiters wird hinsichtlich des Einsatzes von Additiven eine Mengenbeschränkung auf maximal zwei Prozent Presshilfsmittel (massenbezogen) festgelegt. Der Zusatz von Additiven nach „DIN*plus*" (2015b) ist folgendermaßen definiert, dass *„chemisch nicht veränderbare Produkte aus der primären land- und forstwirtschaftlichen Biomasse (solche sind z.B. Maisschrot, Maisstärke, Roggenmehl),... dem Ausgangsmaterial zur Erzeugung von Holz- oder Rindenpresslingen beigemengt werden dürfen."*

3.2 Rohstoffe für österreichische Holzpellets

In Österreich werden sogenannte Premium Pellets, das sind laut EN 14961 Pellets mit Brennstoffklasse A1 oder A2 produziert. Für diese Brennstoffklassen gibt es chemische und physikalische Bedingungen, die eingehalten werden müssen.
Prinzipiell eignen sich holzgutartige (Späne, Hackgut, Altholz, Industrierestholz,...) und halmgutartige (Stroh, Energiegräser,...) biogene Brennstoffe. Aufgrund deren unterschiedlicher physikalischer und chemischer Eigenschaften (Tabelle 3-1) ergeben sich Auswirkungen in folgenden Bereichen (Obernberger, 2000):

- Bereitstellungs- und Transportkosten
- Lagerdimensionierung
- Brennstoffförderung
- Feuerungs- und Rauchgasreinigungstechnologie
- Ascherückstände.

Tabelle 3-1 Qualitätsmerkmale Biomasse, eigene Darstellung (übernommen aus Obernberger (2009) und Witt (2012)

Physikalische Parameter	Auswirkungen auf Brennstoffqualität / Produktionsprozess
Wassergehalt	Trocknungsbedarf des Brennstoffs, Lagerfähigkeit
Korngröße	Fördertechnik, Zündfähigkeit, Ausbrennzeit
Partikel- und Faserstruktur	Stückigkeit, Mahlbarkeit
Größenanteil	Fördertechnik, Trocknungstechnik, Homogenität
Feinanteil	Staubentwicklung, Explosionsgefahr, Lager
Abriebfestigkeit	Feinanteil, Transportverluste, Lagervolumen
Schütt- und Lagerdichte	Brennstofflogistik: Lagerung, Transport, Manipulation
Roh- und Teilchendichte	Biologische Abbaubarkeit, Pelletierbarkeit des Materials (Energieaufwand), Energieträgerspezifische Eigenschaften
Brennwert	Anlagenauslegung, Brennstoffverwendung
Chemische Parameter	**Auswirkungen auf Brennstoffqualität / Produktionsprozess**
Chlor (Cl)	Korrosion, Aerosolbildung, Verschlackung im Zusammenwirken mit Alkalimetalle
Stickstoff (N)	Abgasemission
Flüchtige Bestandteile (VOC)	Thermische Zersetzung, Verbrennungsverhalten
Schwefel (S)	Feinstaubbildung, Abgasemission
Fluor (F)	Korrosion
Alkali- bzw. Erdalkalimetalle (Kalium, Kalzium, Magnesium, Natrium)	Hochtemperaturkorrosion, Feinstaubemissionen
Kohlenstoff (C), Wasserstoff (H), Sauerstoff (O)	Energiegehalt des Brennstoffes, Luftbedarf während der Verbrennung
Schwermetalle	Emissionen, Ascheverwertung, Aerosolbildung
Aschegehalt	Aschemanipulation, Staubemissionen

Die in Tabelle 3-1 dargestellten Eigenschaften sind in der europäischen Norm mit Grenzwerten und dazugehörigen Toleranzen festgelegt. Beim Produktionsprozess wird im Vorhinein die Zusammensetzung überprüft, damit zu einem der Rohstoff bei der Produktion sowie auch bei der Verbrennung der Holzpellets keine Überschreitungen der Grenzwerte erfolgt.

Nach Obernberger (2009) wird bei der Rohstoffzusammensetzung bzw. Auswahl der Sortimente in den Pelletswerken auf die Kriterien *„Form und Partikelgröße,... Wassergehalt und Energiedichte,..."* geachtet. Weiters beeinflussen nach Obernberger (2009) die *„Konzentrationen an N, S, Cl, der Gesamtaschengehalt im Biomassebrennstoff,...Konzentrationen Alkalimetallen und Schwermetallen"* die Sicherheit des Pelletswerks. Es gibt die Möglichkeit halmgutartige Brennstoffe zu pelletieren. Für diese Brennstoffe ist in Hinblick auf Anlagentechnik und Verbrennung mehr technischer Aufwand zu betreiben als bei holzgutartige Brennstoffe. Sie werden derzeit für die Forschung und Entwicklung produziert. Derzeit werden in Österreich nur holzgutartige Brennstoffe kommerziell genutzt. (Obernberger. 2009)

Im Zuge dieser Arbeit erfolgte eine Befragung der Pelletwerke nach deren eingesetzten Holzarten und Zusatzstoffe für die Pelletierung bzw. Additive zur Verbesserung der Pelleteigenschaften. Für die Auswertung haben von den 27 Unternehmen acht Stellung bezogen.

In den österreichischen Pelletwerken dient Fichte als Hauptrohstoff und neben Fichte wird ein geringer Anteil von Tanne bei einem Unternehmen beigemengt. Der Grund für die Verwendung von Fichte ist nach Rus (2011) der hohe Baumartenanteil in Österreich. In Summe beträgt die gesamte Nadelholzfläche in Österreich rund 2,1Mio ha und davon weist die Fichte einen Anteil von ca. 80% bzw. 1,7Mio ha auf. Tanne ist mit 3,8% Nadelholzanteil bzw. 0,081Mio ha weit abgeschlagen auf dem vorletzten Platz. Die Pellet-Produzenten verwenden das Nadelholz aufgrund der günstigen molekularen Zusammensetzung.

Nach Witt (2012) besteht die Biomasse aus Cellulose und den Begleitstoffen Holocellulose und Lignin. Cellulose ist eine Substanz, die in der Natur häufig vorkommt. Dieser Stoff ist nicht wasserlöslich, aber wasseraufnehmend und hat als weitere Besonderheit eine hohe Formstabilität. Die Hemicellulose unterstützt die Biomasse als Begleitstoff und kann als Klebstoff für eine Verbindung von Zellwänden verwendet werden. (Dörer, 2010)

Für die Pelletsherstellung spielt der Anteil von Lignin eine wichtigere Rolle, denn unter Wärme wird die rötliche Substanz klebefähig. Bei der Herstellung von Holzpellets wird der Feinanteil durch eine Ringmatrize gepresst. Während dem Pressvorgang entsteht Wärme, die den Stoff Lignin klebefähig macht. Damit die Formstabilität und Abriebfestigkeit der Holzpellets garantiert werden können, erfolgt zumeist eine sofortige Abkühlung der Pellets (EnergieAgentur.NRW, 2009).

Unter den holzgutartigen biogenen Brennstoffen weist die Fichte nach Dörer (2010) mit 30Gew% den höchsten Wert an Lignin auf. Der Aschenanteil ist bei der Fichte annähernd gleich groß wie bei der Tanne.

In fast allem österreichischen Produktionsstandorten werden Sägespäne und Nebenprodukte aus der Sägeindustrie eingesetzt. Nur ein einziges Unternehmen setzt Hackgut als weiteren Bestandteil bei der Pelletierung ein, da es über die dazu notwendige Technologie verfügt.
Viele Hersteller haben zusätzlich einen logistischen Vorteil, da diese in Besitz eines Sägewerks sind und am gleichen Standort Sägenebenprodukte anfallen. Diese SNP stammen teilweise aus entrindeter Fichte und werden für die Produktion von Holzpellets eingesetzt. Unternehmer, die kein eigenes Sägewerk vor Ort haben, werden mit SNP aus der Region versorgt. Bei zwei österreichischen Unternehmen werden aufgrund der Wirtschaftlichkeit vorgetrocknete SNP zugekauft und in den Pelletprozess hinzugegeben. Der Wassergehalt bei den zugekauften SNP liegt zwischen 10-15%. Bindemittel bzw. Presshilfsmittel werden nicht in jeden Unternehmen hinzugegeben.
Unter Bindemittel versteht man sogenannte Additive, die bei der Holzpelletsproduktion eingesetzt werden. Nach der gültigen Norm dürfen für die Premiumpellets maximal 2 Massenprozent chemisch unbehandelter Additive aus der land- und forstwirtschaftlichen Biomasse hinzugefügt werden.
Durch die Beigabe von Bindemitteln können die Eigenschaften (Brennstofffestigkeit, Abriebfestigkeit) von Holzpellets verbessert werden und der Herstellungsprozess wird erleichtert. Vor allem beim Pelletierungsvorgang können aufgrund der verbesserten Durchsatzleistung Energie und daher auch Kosten eingespart werden. (EnergieAgentur.NRW, 2009) & (Witt, 2012)
Als normgerechte Additive können Wasser, Wasserdampf und stärkehaltige Presshilfsmittel eingesetzt werden. Durch Wasser oder Wasserdampfbeigabe sinken der Pressdruck für die Pelletierung sowie der Energiebedarf, weil die Gleitfähigkeit der Materialien erhöht wird. Während der Pelletierung muss der Wassergehalt kontinuierlich überprüft werden, da die mechanische Festigkeit ab einem Wassergehalt >11% abnimmt. Fällt der Wassergehalt unter acht Prozent so nehmen die Holzpresslinge den in der Umgebungsluft enthaltenen Wasserdampf auf. Dies führt zu einer Rissbildung an der Oberfläche, da das Holzpellet aufquillt. (Witt, 2012)
Mit den stärkehaltigen Presshilfsmitteln wird eine höhere Festigkeit der Holzpellets erreicht, da die Stärke eine verklebende Wirkung hat. Weiters tritt eine Verbesserung der Schmierfunktion der Presslinge ein, was wiederum ebenfalls zu einer Energiereduktion bei der Pelletsherstellung führt. (Witt, 2012) & (Döring, 2010)

Nach den genannten wissenschaftlichen Grundlagen bzw. Fakten über mögliche Bindemittel und Presshilfsmittel, wurden die Unternehmen diesbezüglich befragt. Die Unternehmen, die über Rohstoffauswahl und Sortimente Auskünfte gegeben haben, gaben zur Frage nach Additiven oder Presshilfsmitteln unterschiedliche Informationen preis. Viele von den befragten Produktionsstandorten geben aufgrund der Geheimhaltung ihres Produktionsprozesses keine Auskünfte. Nur fünf von acht Unternehmen haben eine Auskunft über die Presshilfsmittel und Additive gegeben. Zwei von fünf Holzpelletproduzenten setzen Mehl bzw. Maisstärke zur Verbesserung der Stabilität der Holzpellets ein.

Ein Unternehmen gab die Auskunft, dass viele Pellethersteller die Stärke nicht nehmen wollen, da der wirtschaftliche Aspekt nicht gegeben sei. Der Anschaffungspreis von landwirtschaftlicher Stärke ist sehr teuer. Weiters ist die Prozessüberwachung bei Zugabe von Stärke als Presshilfsmittel schwierig. Bei längeren Laufstunden der Pressmatrize kommt es zur Verschließung der Presskanäle und es wird automatisch mehr Stärke beigemengt. Die Gefahr dabei ist die Einhaltung der Beimengung von Additiven bzw. Pressmitteln von maximal zwei Prozent. Bei besagtem Unternehmen wird daher ein kleiner Anteil von <0,1% Stärke beigemengt um die Optik in den Vordergrund zu stellen. Das zweite Unternehmen gab keine Prozentzahl bei der Stärkebeimengung an.

Ein weiteres Unternehmen setzt zusätzlich Hobelspan ein um den Lignin-Anteil zu erhöhen und so abriebfestere Holzpellets herstellen zu können. Das fünfte Unternehmen verwendet keine zusätzlichen Presshilfsmitteln und Additive zur Verbesserung der Eigenschaften von Pellets.

3.3 Pelletmarkt in Österreich

In diesem Abschnitt erfolgt eine Analyse des Pellet-Verbrauchs und der Produktionskapazitäten in Österreich. Weiters wird der Marktpreis sowie dessen Zustandekommen untersucht.

3.3.1 Pelletproduktion und -verbrauch

In Österreich gibt es 28 Pellets-Produzenten (Tabelle 3-2), die in 37 österreichische Standorten eine Produktionskapazität von 1,478 Millionen Tonnen Holzpellets haben. Die Produktionskapazitäten im Jahr 2013 betrugen laut Rakos (2014) rund 1,2 Millionen Tonnen Holzpellets. Innerhalb von 12 Monaten stiegen die Kapazitäten in Österreich durch Neu- bzw. Ausbauten an acht Pelletwerke. Die inländische Versorgungssicherheit bei einem derzeitigen jährlichen Verbrauch von 900.000t Holzpellets ist damit gesichert.

Tabelle 3-2 Produktionskapazitäten der österreichischen Pellets-Produzenten, eigene Datstellung (Schlagitweit, 2015a)

Pelletsproduzent	Produktions-kapazität in Österreich 2014
Arlberg Pellets (Holz Falch)	1.700
Binderholz GmbH	170.000
Cycle Energy - Bioenergie Gaishorn	40.000
Franz Eigl GmbH, Waldviertel Pellets	25.000
Enzlmüller	6.000
Firestixx-Salzburg-Pelletproduktion GmbH	60.000
Glechner Ges.m.b.H.	88.000
Hasslacher Hermagor GmbH - Norica plus	40.000
Hasslacher Preding Holzindustrie GmbH	70.000
Holz-Bauer KG	8.000
Labek Biopellets	1.000
Ländle Pellets	15.000
Mafi Naturholzboden GmbH	7.000
MAK Holz GmbH	30.000
Mayr-Melnhof Holz Leoben GmbH	65.000
Ökostixx GmbH	20.000
Johann Pabst Holzindustrie GmbH	60.000
Kärntner Pellets - löwenstark	25.000
Pellex Green Power	40.000
Pfeifer Holding GmbH	175.000
PROöko Energie GmbH	2.000
RZ Pellets	270.000
Schilcher Maschinenbau GmbH	40.000
Schmidt-Energie Produktions GmbH	20.000
Schößwendter Holz GmbH	32.000
Peter Seppele Gesellschaft m.b.H.	103.000
Sturmberger	45.000
Weinsbergpellets	20.000

Tirol, Kärnten und Steiermark sind österreichweit bei der Holzpellets-Produktionskapazität ganz vorne anzusiedeln. Die Länder Niederösterreich, Oberösterreich und Salzburg weisen untereinander ähnliche Kapazitäten für die Produktion auf. Vorarlberg ist mit nur einer Produktionsstätte Schlusslicht, wie in Abbildung 3-2 ersichtlich.

Der Grund für die unterschiedlichen Produktionskapazitäten ist die umgebende Marktnähe für Holzpellets zu Deutschland, Italien und der Schweiz.

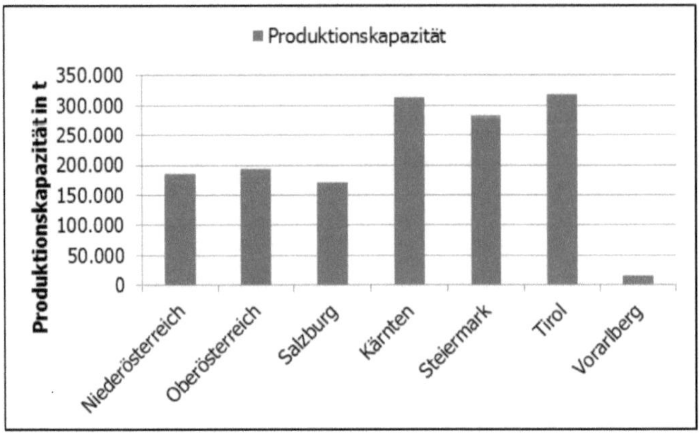

Abbildung 3-2 Produktionskapazität der österreichischen Hersteller von Holzpellets nach Bundesländern klassifiziert – Stand 2014, eigene Darstellung (Schlagitweit, 2015a)

Die Produktionskapazität in Österreich hat sich aufgrund der gestärkten Nachfrage im Inland entwickelt. In Abbildung 3-3 ist der stetige Inlandsverbrauch sowie die Produktion von Holzpellets im Zeitraum 2005 bis 2014 ersichtlich. In der Grafik wurde eine Vorschau anhand der Entwicklung im Jahr 2014 in Bezug auf Verbrauch und Produktion gemacht. Nach Rakos (2014) lag der endgültige Pelletsverbrauch im Jahr 2014 bei knapp 900.000t.

Die Ergebnisse in dem betrachteten Zeitraum lassen sich wie folgt zusammenfassen:

- Im Jahr 2005 wurde in Österreich mehr produziert als benötigt. Die Hersteller haben durch die Marktnähe zu Deutschland und Italien den Überschuss mittels Export abbauen können.
- Bei der inländischen Erzeugung von Rohenergie ist es im Jahr 2006 aufgrund des harten Winters zu einer Rohstoffverknappung gekommen. (Ebner, 2006)
- Zu der Rohstoffverknappung im Jahr 2006 trug auch der hohe Ölpreis im Herbst 2005 bei. Zu diesem Zeitpunkt haben sich viele Österreicher einen Holzpelletkessel zugelegt. (Ebner, 2006)
- Durch die Stürme „Kyrill", „Paula" und „Emma" in den Jahren 2007 und 2008 gab es viele Kalamitäten (Sturmholz). Diese trugen ebenfalls dazu bei, dass es zu einer Verknappung von Industrie- und Rohholz für die energetische Nutzung gekommen ist.
- Im Jahr 2008 gab es eine Förderung zur Nutzung alternative Energien und dies wirkte sich auf die Nachfrage von Pelletkessel aus. Weiters gab es stabile Pelletpreise sowie zusätzliche Produktionskapazitäten in Österreich und der Ölpreis verteuerte sich. (Österreichischer Kachelofenverband, 2010)

- Der Pelletsbedarf flachte im Jahr 2009 ab, da der Ölpreis durch Subventionen seitens der Mineralölwirtschaft gesunken ist.
- In den Jahren 2010 bis 2013 wurden die Exporte geringer und die Inlandsproduktion konnte den Bruttoinlandsverbrauch selbst tragen. Aufgrund des Marktpreises mussten Holzpellets importiert werden. Da die Verbraucher laut Kanzian (2007) nachtragende Kunden sind und stabilere Preise bevorzugen.

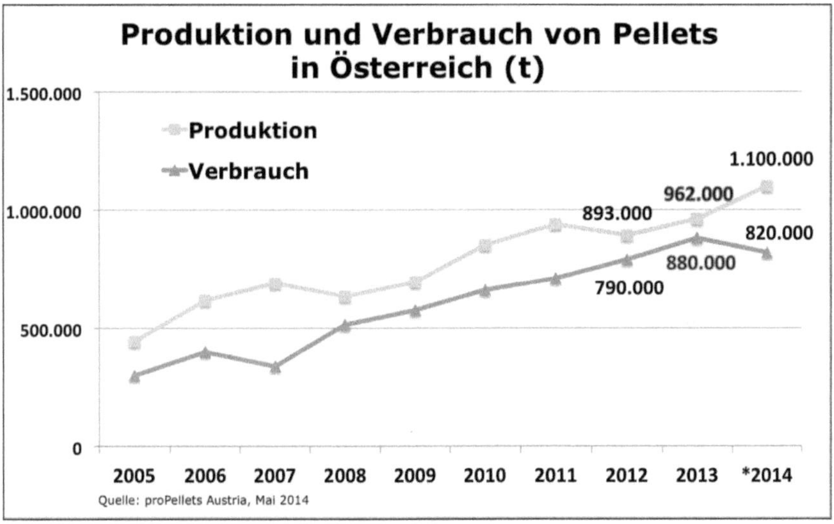

Abbildung 3-3 Darstellung des Verbrauchs und der Produktion von Holzpellets (proPellets, 2014a)

Die österreichischen Pelletwerke produzieren Holzpellets nicht nur für den inländischen Eigenverbrauch sondern vertreiben das Produkt europa- bzw. weltweit. Am meisten Holzpellets werden nach Italien exportiert. Im Jahr 2013 betrug die Ausfuhr nach Italien rund 429.000t Pellets. Bei einer Gesamtexportmenge von 483.000t Holzpellets bedeutet dies einen Anteil von 88%. Mit lediglich 36.500t bzw. 8.000t Holzpellets nach Deutschland bzw. in die Schweiz folgen die nächsten Abnehmer. Slowenien mit 4.900t Holzpellets im Jahr 2014 ist noch ein nennenswerter Exportmarkt. Der Grund für diese Unterschiede liegt zum einen an der Marktnähe und zum anderen an den höheren Marktpreisen.

Anderen Exportländer sind nicht nennenswert, da diese nur geringere Menge <1000t Holzpellets im Jahr 2013 importiert haben. Je nach Angebot und Nachfrage schwanken die Ausfuhren in z.B. Kroatien, Tschechien, Slowakei, Ungarn,... usw. Für die ehemaligen Ostblockstaaten (Tschechien, Slowakei, Ungarn,...) nahm die Ausfuhrmenge von Holzpellets ab, da genügend Holzvorkommen und Investitionen in die produzierenden Holzwerke getätigt worden sind. (Schlagitweit, 2015e)

Nach Schlagitweit (2015b) importiert Österreich Holzpellets um den Marktpreis zu stabilisieren. Weiters wird der Energiepreis für Holzpellets konkurrenzfähiger gegenüber anderen Energieträgern für die Erzeugung von Raumwärme.
Der wichtigste österreichische Importeur von Holzpellets ist Rumänien mit 190.000t. Deutschland mit 82.000t und Tschechien mit 71.000t erreichen in Summe nicht die importierte Menge an Holzpellets wie Rumänien im gesamten Jahr. Ein Großteil der importierten Pellets wird von österreichischen Firmen hergestellt, die im Ausland Standorte für die Produktion von Pellets haben.
Nach Abbildung 3-4 ist weiters erkennbar, dass im Jahr 2013 mehr exportiert als importiert wurde. Des Weiteren sind in der Grafik die Produktionsstandorte von Holzpellets in Österreich ersichtlich.

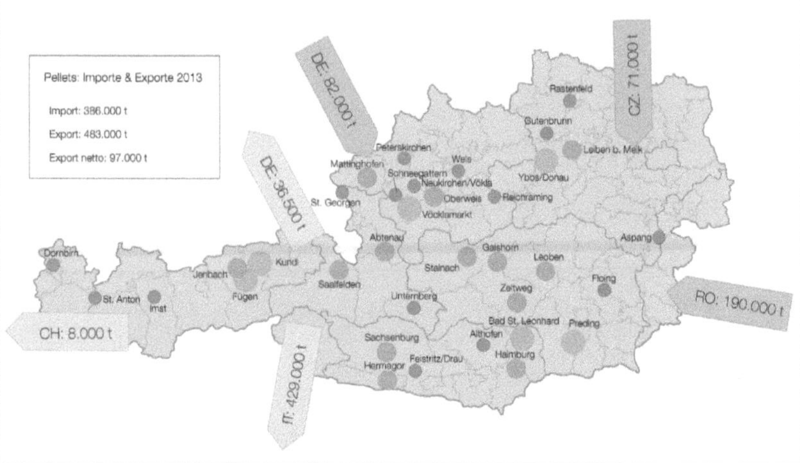

Abbildung 3-4 Import- und Exportströme von Holzpellets im Jahr 2013 (proPellets, 2015b)

3.3.2 Marktpreis

Der Marktpreis der Pellets setzt sich aus Sortimentspreis, Produktionskosten und Endkundenpreis zusammen.

3.3.2.1 Sortimentspreise für Rohstoffe

Bevor die Pellets in Pulverform zu Presslingen verpresst werden können, müssen die Rohstoffsortimente angekauft werden.
Laut Obernberger & Thek (2009, Tabelle 4.1) sind für die Produktion einer Tonne Holzpellets 2,2fm Rundholz (Blochholz), 5,1srm Waldhackgut, 7,5srm Hobel-/Sägespäne oder 5,3Srm Industriehackgut (Faserholz) notwendig.
Die Entwicklung von den Erzeugerpreisen der Rohstoffsortimente von 1998 bis 2013 sind in Abbildung 3-5 dargestellt. Es ist darin ersichtlich, dass die Preise von weichem

und hartem Brennholz bis zum Jahr 2013 tendenziell gestiegen sind. Der Preis für Faserholz ist im beobachteten Zeitraum bis zur Wirtschaftskrise 2008/2009 leicht gesunken. Ab diesem Zeitpunkt erfolgte eine Zunahme des Preises für Faserholz. Für das Sortiment Blochholz ist ein tendenzieller Preisverfall bis 2005 erkennbar. In den Jahren 2006 bis 2008 stieg der Preis für Blochholz wieder an. Der Grund dafür ist die Verknappung des Sortimentes aufgrund der Stürme Kyrill, Paula und Emma, da mehr Kalamitäten angefallen sind. In der Wirtschaftskrise sank der Preis wieder, erst ab 2010 ist ein Preisanstieg zu erkennen. Ein Grund dafür könnte die Nachfrage an Blochholz für die stoffliche Nutzung sein. Der Hauptabnehmer von Blochholz ist die Sägeindustrie.

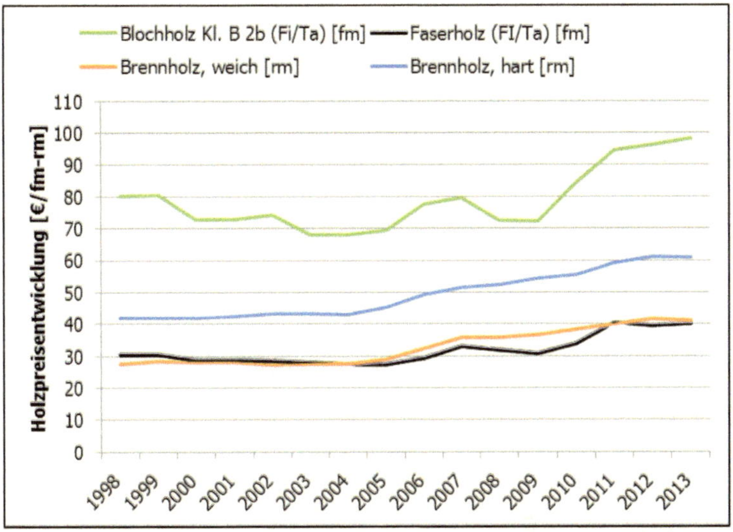

Abbildung 3-5 Holzpreisentwicklung der Sortimente Blochholz (Rundholz), Faserholz (Industrieholz) und Brennholz in Österreich, 1998-2013, Fi: Richter, Ta: Tanne, Qualitätsmerkmale „B 2b" sind bei Wiener Warenbörse (2001) nachzulesen, eigene Darstellung nach (Statistik Austria, 2015c)

Aus den Rohstoffsortimenten ist ersichtlich, dass die Preise hierfür höher sind als jene für Sägenebenprodukte (Abbildung 3-6). Die Sägenebenprodukte stammen aus der Sägeindustrie und sind preislich abhängig von den Entwicklungen in der Holzindustrie. Weitere Nebenprodukte für die Herstellung von Holzpellets sind Hackgutsortimente (mit oder ohne Rinde). Aufgrund der starken Nachfrage in der stofflichen und energetischen Nutzung (Lang, 2013) verzeichneten diese Warenmengen einen kontinuierlichen Preisanstieg. Das Sortiment Hackgut mit Rinde wurde im Jänner 2015 als teuerster Rohstoff an der Wiener Warenbörse gehandelt. (Wiener Warenbörse, 2015).

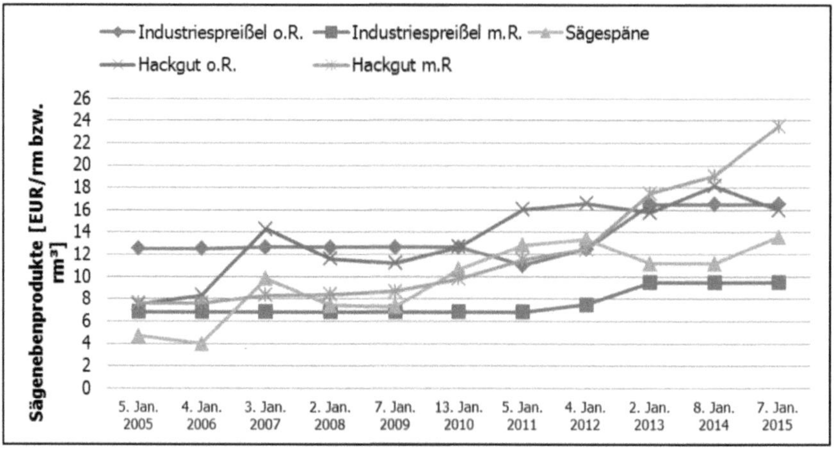

Abbildung 3-6 Preisentwicklung für Sägenebenprodukte (SNP) auf der Wiener Warenbörse, Jänner 2005-2015 – alle Angaben außer Sägespäne in EUR/m³, o.R.: ohne Rinde, m.R.: mit Rinde, eigene Darstellung (Wiener Warenbörse, 2015)

3.3.2.2 Produktionskosten

Für die Herstellung von Pellets sind mehrere Teilschritte notwendig. Laut Obernberger & Thek (2009, Abbildung 4.1) sind folgende Schritte erforderlich:

- Entrindung von Rundholz (optional)
- Hackung von Rundholz
- Grobe Zerkleinerung von Industriehackgut (mit/ohne Rinde) und Waldhackgut und deren Integration in den Prozess
- Hinzufügung von Sägespänen
- Trocknungsabschnitt für alle im Prozess befindlichen Fraktionen
- Zugabe von Hobelspänen bzw. Holzstaub
- Feinzerkleinerung der im Prozess befindlichen Fraktionen
- Konditionierung
- Pelletierung
- Kühlung
- Lagerung

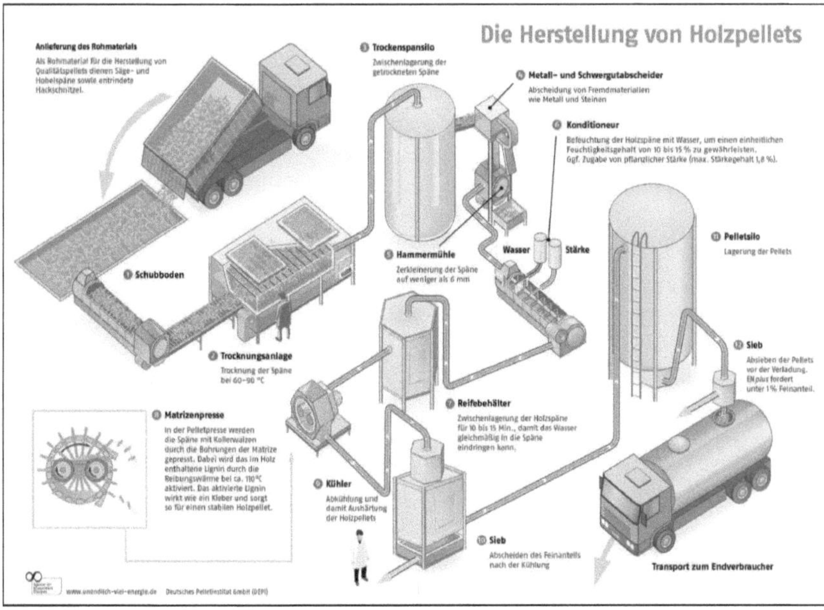

Abbildung 3-7 Schematische Darstellung der Teilprozesse bei der Holzpellets-Herstellung (Deutsches Pelltinstitut, 2015)

Bei der Produktionskostenermittlung werden die ersten vier Prozessabschnitte vereinheitlicht. Wie aus Abbildung 3-7 zu entnehmen ist, erfolgt bei der Pelletsherstellung eine Anlieferung des vorgefertigten Rohmaterials. Aus diesem Grund erfolgt die Analyse der Produktionskosten nach Obernberger & Thek (2009, Kapitel 5). In Abbildung 3-8 sind die Kosten nach den einzelnen Prozessschritten zusammengefasst.

	Investitions-kosten	Kapital-kosten	Instand-setzungs-kosten	Verbrauchs-gebundene Kosten	Betriebs-gebundene Kosten	Sonstige Kosten	Summe der Kosten	Spezifische Kosten
	€	€ p.a.	€ p.a.	€ p.a.	€ p.a.	€ p.a.	€ p.a.	€/t FS_p
Trocknung	950.000	97.815	23.180	1.775.200		26.410	1.922.605	48,1
Zerkleinerung	206.000	21.210	5.026	74.800		5.727	106.764	2,7
Pelletierung	467.000	48.084	11.395	295.080		12.983	367.541	9,2
Kühlung	32.000	3.295	781	8.160		890	13.125	0,3
Lagerung	1.083.000	87.284	15.680	20.836		30.107	153.907	3,8
Peripherie	435.000	44.789	10.614	73.440		12.093	140.936	3,5
Personal					346.750		346.750	8,7
Rohmaterial				2.346.000			2.346.000	58,7
Allgemeine Investitionen	570.300	47.818	2.300			15.854	65.972	1,6
Gesamtkosten	3.743.300	350.294	68.976	4.593.516	346.750	104.064	5.463.599	136,6
Spezifische Gesamtkosten		8,8	1,7	114,8	8,7	2,6		136,6

Abbildung 3-8 *„Übersicht über die Zusammensetzung der gesamten Pelletsproduktion"* laut Obernberger & Thek (2009, Tabelle 5.17), Zusammensetzung und Erhebung der Kosten sind bei Obernberger & Thek (2009, Kapitel 5) nachzulesen

Der ermittelte Warenpreis für eine Tonne nasser Sägespäne beträgt mit Stand 2009 136,60€/t FS_p (Abbildung 3-8). Einen großen Anteil an dem Preis hat, neben dem Rohmaterial, aufgrund der *„jährlichen verbrauchsgebundene Kosten"* die Trocknung (Obernberger & Thek, 2009 Absatz 5.2.3). Der Großteil der Energie wird für die thermische Trocknung verwendet, weil Späne und Rinde mit 55% Wassergehalt auf 10% Wassergehalt getrocknet werden müssen. Das Waldhackgut wird von 30% auf 18% Feuchtigkeit getrocknet. (Obernberger & Thek, 2009, Tabelle 5.3)
Bei der Pelletierung sind die benötigten Kosten für den Eigengebrauch an dritthöchster Stelle. In dieser Kategorie ist der größte Anteil der Stromverbrauch, da die Antriebsmotoren für Schnecke und Zufuhr des Rohmaterials berücksichtig worden sind. Ein weiterer treibender Kostenfaktor in der Pelletierung sind die Presshilfsmittel, die rund 25% der spezifischen Kosten von der Kategorie „Pelletierung" beanspruchen.
Die höchsten Investitionskosten weist die „Lagerung" auf. Preistreiber sind hier die Silos für Rohmaterial und Pellets mit rund 36% bzw. 26%. Die weiteren Kosten für Freilager sind gering.

3.3.2.3 Endkundenpreis

In Österreich erfolgt der Vertrieb von Holzpellets direkt ab Werk oder über den Brennstoffhandel. Der Transport zum Endkunden erfolgt über einen Silopumpwagen als lose Holzpellets oder als Sackware zu je 15kg.
Die Abbildung 3-9 zeigt die preisliche Entwicklung der fertigen Pellets im Jahresmittel von 2002 bis 2014. Von 2002 bis 2005 ist der Endpreis leicht gesunken, da die Nachfrage an Holzpellets noch gering war. Im Jahr 2004 wurde durch eine Förderung erneuerbarer Energieträger ein Anreiz geschaffen und die Anzahl an neu installierten Pelletkessel stieg leicht an (Jauschnegg H. & Pfemeter C., 2013). Ein rasanter Preisanstieg der losen Pellets erfolgte im Jahr 2006. Aufgrund des langen Winters und des damit verbundenen Bedarfsanstiegs von Holzpellets kam es zu einer Verknappung der Pellets. Von 2007 bis 2008 sank der Pelletspreis wieder. Ab dem Jahr 2008 sind leichte Preisanstiege bis zum Jahr 2013 zu verzeichnen und der Marktpreis wurde für die Pelletskunden stabiler (Österreichischer Kachelofenverband, 2010). Derzeit liegt der Pelletpreis bei 248,64 € pro Tonne loser Pellets.

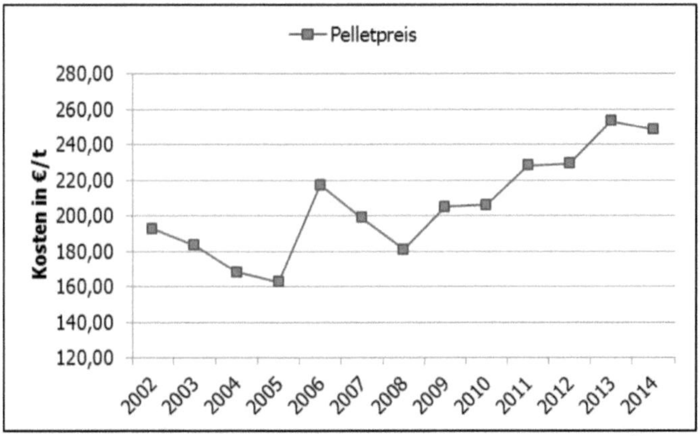

Abbildung 3-9 Entwicklung des Marktpreises für eine Tonne loser Holzpellets in Österreich, eigene Darstellung nach Schlagitweit, 2015c

Da es Preisunterschiede beim Bezug von losen Holzpellets innerhalb von Österreich gibt, wurden im Jahr 2012 Regionen eingeführt (Abbildung 3-10).

Die höchsten Preise für eine Tonne Holzpellets bezahlt der Kunde in Tirol und Vorarlberg (Region West). Der Grund hierfür ist der Marktmechanismus, da die größten Pelletproduzenten in Tirol nach Italien, Süddeutschland und in die Schweiz exportieren. Die Preise der marktnahen Länder sind um einiges höher als die österreichischen Marktpreise. In Vorarlberg existiert zurzeit nur ein Produzent für die Holzpellets und aufgrund der Nähe zur Schweiz orientiert sich der österreichische Marktpreis am Schweizer Marktpreis für den Endkunden (Schlagitweit, 2015d).

In der Region Nord gibt es Pelletsproduzenten, die ihr Produkt direkt an den süddeutschen Markt verkaufen. Daher liegt der Preis für die Pellets im betrachteten Zeitraum leicht über dem der Region Süd.

Die Kosten für den Endverbraucher für eine Tonne loser Pellets belaufen sich auf 255€ im Westen, 247€ im Norden und 246€ im Süden Österreichs. (Schlagitweit, 2015c)

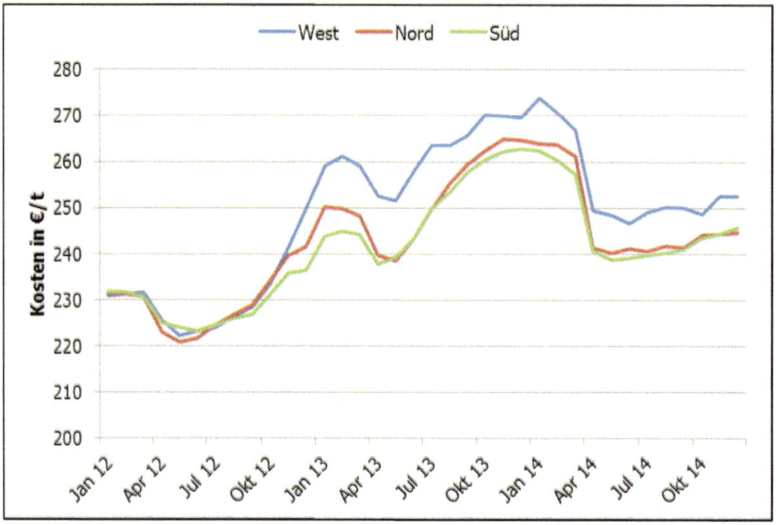

Abbildung 3-10 Preisentwicklung der losen Holzpellets nach österreichischen Regionen: West (Tirol & Vorarlberg), Nord (Salzburg, OÖ, NÖ & Wien) und Süd (Kärnten, Steiermark, Osttirol & Burgenland), eigene Darstellung (Schlagitweit, 2015c)

Für die Sackwaren-Preise erfolgte die Aufzeichnung der Marktpreise seitens proPellets Austria erst im Jahr 2007. Über den betrachteten Zeitraum sank der Warenpreis kurzfristig bis zum Jahr 2008 auf rund 3,41€ pro Sack. Bis zum Jahr 2014 erfolgte eine Preiszunahme von 3,41€ auf 4,11€.

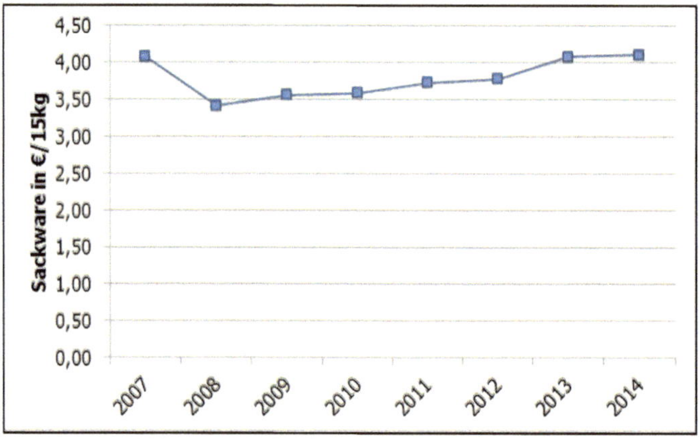

Abbildung 3-11 Preisentwicklung von Holzpellets als Sackware zu je 15kg, 2007 bis 2014, eigene Darstellung (Schlagitweit, 2015c)

3.3.3 Marktentwicklung Holzpellets

In den letzten zwei Jahren hat es in Österreich kaum einen strengen Winter gegeben um die produzierten Holzpellets für die Raumwärme zu nutzen. Die Lagerstätten in Österreich sind im Moment gut gefüllt und für das kommende Jahr ist eine Reduktion der Holzpelletsproduktion noch nicht angedacht (Schlagitweit, 2015b). Des Weiteren haben einige österreichische Holzpelletwerke Produktionsstandorte im Ausland, welche einen österreichischen oder weltweiten Abnehmer benötigen. Da nicht nur Österreich sondern Deutschland, Italien, Frankreich, Kanada, usw... (Niederhäusern, 2014) ebenfalls Pellets produzieren herrscht in naher Zukunft eine Überkapazität am Pelletmarkt. Der Marktpreis wird von Angebot und Nachfrage bestimmt und bei Überproduktion sinkt der Pelletpreis. Dies könnte Auswirkungen auf einige Produktionsstätte haben.

Für Österreich ist der italienische Markt das wichtigste Land für die Holzpelletsexporte. Die Italiener verzeichnen seit einiger Zeit einen Anstieg von neu installierten Pelletöfen, die zur Raumwärmeversorgung genutzt werden (Niederhäusern, 2014). Die italienische Regierung sieht im italienischen Haushaltsgesetz eine Mehrwertsteuererhöhung von derzeit 10% auf 22% vor. Diese Erhöhung hätte auch Auswirkungen auf den österreichischen Exportmarkt, weil der Absatz von Pellets sinken könnte (stol, 2014).

Ein neuer Markt könnte für die österreichischen Pelletwerke Slowenien sein, weil in der Exportstatistik für Holzpellets Slowenien einen Mehrbedarf an Holzpellets verzeichnete. Im Jahr 2009 wurden 291t Holzpellets nach Slowenien ausgeliefert. Fünf Jahre später beträgt die Einfuhr von österreichischen Holzpellets schon 6.300t. Schlagitweit (2015f)

4 FORSCHUNGSTÄTIGKEITEN

In diesem Kapitel erfolgt ein Ausblick über die zukünftigen Entwicklungen und Forschungstätigkeiten von Holzpellets, sowie die Marktentwicklung der Holzpellets.

Für die österreichische Biomasseforschung wurde im Rahmen des COIN-Aufbau-Projektes „BioUpgrade" ein Biomassetechnikum errichtet. Mithilfe des Technikums konnten wichtige Forschungsfragen im Bereich der VOC-Emissionen von Kieferholzpellets, Emissionskinetik von Kiefernholz und Zerkleinerungstechnologie im Pelletierprozess untersucht werden.
Der Einsatz vom Rohstoff Hartholz gegenüber dem herkömmlichen Rohstoff Holz unterscheidet sich in Brenn- und Heizwert, in der Produktion und im Aschegehalt. Bei der Verarbeitung von Harthölzern gibt es in der Produktion einen zusätzlichen Aufwand gegenüber der Fichte. Die Entrindung von Buche, Birke und Eiche ist nach Weigl et al. (2014) nicht bzw. kaum möglich und verursacht Mehrkosten.
Derzeit wird der Einsatz von Harthölzern als Rohstoff für die Pelletsproduktion im Biomassetechnikum Wien untersucht. Im Zertifizierungsprogramm ENplus gibt es die zwei Brennstoffklassen A1 und A2, die sich primär durch den Holzpellets-Aschegehalt von <0,7% bzw. <1,2% unterscheiden. Da die Harthölzer einen höheren Aschegehalt aufweisen, werden Hartholzpellets primär mit der Zertifizierung ENplus A2 verkauft. Der Marktpreis für ENplus A1-Pellets ist jedoch profitabler. Daher erfolgt derzeit im österreichischen Biomassetechnikum eine Untersuchung dazu wie der geforderte niedrige Aschegehalt der ENplus A1-Pellets erreicht werden kann. (Haider, 2015) Derzeitiger Wissensstand aus den Untersuchungen ist, dass der niedrige Aschegehaltswert erreicht werden kann. Ein wichtiges Kriterium stellt hierbei die Rinde dar, da in diesem Bereich viele Verunreinigungen vorhanden sind und der Aschegehalt dadurch erhöht wird. (Weigl et al., 2014) Die Entrindung von Buche, Birke, Kiefer und Eiche ist nach Weigl et al. (2014) nicht bzw. kaum möglich und verursacht Mehrkosten in der Produktion und Herstellung von Holzpellets.

Bei den Holzpellets aus Hartholz untersuchten Lousada & Telmo (2011) in einer Studie den Brenn- sowie den Heizwert aus zwölf regionalen und fünf importierten Holzsortimenten. Das Ergebnis war die Erkenntnis, dass Holzpellets aus Laubhölzern einen schlechteren Brennwert und auch einen schlechteren Heizwert aufweisen als die jene aus Nadelhölzern. Beim Hartholz betrug der gemittelte Brennwert 19089kJ/kg bzw. beim Nadelholz 20086kJ/kg. Der nach den Versuchen erhobene gemittelte Heizwert beträgt bei Laubholz 16030kJ/kg bzw. bei Nadelholz 16423kJ/kg. Wenn man Holzpellets aus reinen Harthölzern produziert, bedeutet dies, dass man mehr Rohstoffe benötigt um denselben Energieinhalt zu gewinnen. Das wiederum würde sich auf die Wirtschaftlichkeit von Holzpelletsheizungen auswirken.

Bei den Rohstoffsortimenten für die Pelletserzeugung wird nicht nur im Bereich der Harthölzer geforscht, sondern es erfolgen ebenfalls Forschungs- und Entwicklungstätigkeiten um die halmgutartige Biomasse als Rohstoff für die Produktion von Holzpellets zu verwenden.

In Deutschland erfolgte eine Materialanalyse der halmgutartigen Biomasse zur Herstellung halmgutartiger Pellets. Diese Holzpellets haben nach Hindlmeier (2010) einen Heizwert von 4kWh/kg TS. Getreide- und Strohpellets weisen einen ähnlichen Heizwert auf. Ein weiterer Vorteil nach Hindlmeier (2010) ist die Ähnlichkeit bei der Handhabung von der Verarbeitung bis zur Auslieferung an den Kunden. Einzig der Produktionsprozess ist aufwendiger und materialbelastender für die produzierenden Maschinen. Die Erkenntnis aus dieser Studie ist, dass aufgrund der Inhaltsstoffe der Chlor- und Schwefelanteil um ein Vielfaches höher ist als bei der holzgutartigen Biomasse. Weiters entsteht bei der Verbrennung von halmgutartiger Biomasse aufgrund des erhöhten Aschegehalts mehr Asche und es kommt zur Bildung von Geruchsemissionen. Für die Kesselhersteller ist zudem besondere Vorsicht geboten, da bestimmte Feuerungstemperaturen bei der Verbrennung sowie eine entsprechende Abgasnachbehandlung notwendig wären, um die Bildung von Furanen und Dioxinen zu unterbinden. In der Tabelle 4-1 ist ein Auszug der Ergebnisse von den untersuchten Biobrennstoffe nach Heizwert, Aschegehalt, Chlor-, Stickstoff und Schwefelanteil dargestellt.

Tabelle 4-1 Übersicht der Zusammensetzung unterschiedlicher Biobrennstoffe (Hiendlmayr, 2010)

Biobrennstoffe	Heizwert (wf) (kWh/kg)	Aschegehalt (wf) (%)	Erweichungs-punkt der Asche (°C)	N (%)	Cl (mg/kg TS)	S (mg/kg TS)
Nadelholz allg.	5,23	0,79	1.398	0,14	87	234
Laubholz allg.	5,11	0,56	1.265	0,49	163	402
Getreidestroh	4,78	5,68	960	0,47	2.503	737
Rapsstroh	4,76	6,20	1.273	0,84	4.668	2.703
Getreideganzpflanzen	4,76	4,24	886	1,16	1.807	1.370
Getreidekörner allg.	4,72	2,26	709	1,96	660	1.050
Rapskörner	7,35	4,60	-	3,94	-	1.000
Rapspresskuchen	5,77	6,30	-	4,98	340	2.744
Landschaftspflegeheu allg.	4,83	5,71	1.061	1,14	3.112	1.581
Miscanthus	4,90	3,91	973	0,73	2.240	1.514
Wiesenheu allg.	4,74	7,09	918	1,26	7.588	1.650

Laut Hindlmeier (2010) gibt es bereits Forschungsarbeiten bzw. Entwicklungsmaßnahmen von Kesselherstellern, um die Verbrennung von halmgutartigen Pellets in naher Zukunft zu ermöglichen.

Nach Hartmann et al. (2007) wurden in dieser Forschungstätigkeit erstens die Modifikation in der Zusammensetzung des Brennstoffes und zweitens die Modifikationen in der Feuerung des Brennstoffes untersucht. Beim ersten Ansatz „Brennstoffmodifikation" wurden Versuchsreihen unter Zugabe von Zuschlagsstoffen

und eigens hergestellte Brennstoffmischungen durchgeführt. Aus den Versuchen am Teststand folgten die Erkenntnisse, dass beim Ascheausbrand noch große Rückstände vorhanden sind. Weiters stellte sich heraus, dass aufgrund der Inhaltsstoffe erhöhte NO_x-Emissionen nach der Verbrennung entstehen. Ein weitaus größeres Problem bei der Brennstoffmodifikation stellt aufgrund der chemischen Parameter K, Cl, Na und S allerdings die Überschreitung der Staubemission von 150mg/Nm³ dar. Es sind daher für die Abgasreinigung zusätzliche Staubabscheidungsmaßnahmen notwendig, da durch die Zugabe von Kalk oder Holzspänen keine erhebliche Reduktion festgestellt werden konnte.
Beim zweiten Forschungsansatz, den Kessel mit konstruktiven Maßnahmen zu verändern, stellte sich heraus, dass dazu ein wirtschaftlicher Mehraufwand notwendig ist. Die Staubemissionen können nur unterbunden werden, wenn zu der primären Rauchgasluft ein wassergekühlter Brennraum bzw. Rostelemente installiert wird.

Im Bereich der halmgutartigen Biomasse gibt es bereits einige abgeschlossene Forschungsprojekte wie zum Beispiel:

- Thermische Verwertung von Naturschutzheu durch Pelletierung (Breuss, 2012)

- Eignung und Optimierung von Halmgutpresslingen für kleine und mittlere Feuerungsanlagen (Vetter, 2010)

- C4-Kompakt 'Entwicklung einer optimierten Produktionskette für die Bereitstellung von Miscanthus-Mischpellets zur Nutzung in Biomassefeuerungsanlagen' (Rieker, 2010)

Im Bereich der Energiepflanzen hat das Technologie- und Förderzentrum den Mais im Detail betrachtet, da diese Kultur weltweit angebaut wird. Laut Schneider & Hartmann (2006) ist der Maiskolben für die thermische Verwertung interessant, da der Asche- und Stickstoffgehalt je nach Vegetationsperiode variiert. Das schadstoffbildende Chlorid weist einen sehr geringen Anteil auf. Allerdings schwankt der bei der Verbrennung wichtige Wassergehalt innerhalb der Erntemasse. Weiters ist bei der Lagerung des Rohstoffs ein Wassergehalt von <20% notwendig und dies ist als Unsicherheitsfaktor zu berücksichtigen. Eine weitere Erkenntnis waren Brenn- und Heizwert, der sich von jenem des Rohstoffs Holz nicht wesentlich unterscheidet.

Im Rahmen des österreichischen Forschungsprojektes „SIDecA" erfolgen Untersuchungen über die Bestandsgründung, Saatgutentwicklung und das Ertragspotential der Energiepflanzensorte *Sida hermaphrodita*. Die Erkenntnisse daraus werden für die stationäre Produktion von Brennstoffpellets aus SIDA-

Energiepflanzen und für eine mobile Pelletiertechnikanlage genutzt (Pichler, 2015). Derzeit erfolgt im österreichischen Biomassetechnikum eine Analyse der ersten Ernte hinsichtlich Brennstoffqualität und Pelletierbarkeit. Abschließend sind Abbrandversuche mit den erzeugten Sida-Pellets geplant (Gansberger et al., 2015).

Eine Supplementierung der fossilen Energieträger durch erneuerbare Energieträger könnte vermutlich erreicht werden, wenn Informationskampagnen und bewusstseinsbildende Maßnahmen durchgeführt werden. Dazu hat es im Bereich der Biomasseherstellung seitens der Europäischen Union Förderprogramme gegeben, die das Bewusstsein hinsichtlich Biomasse als Energieträger der Zukunft fördern sollen.

Das Forschungsprojekt REGBIE+ beschäftigte sich mit der Findung von Maßnahmen um den Markt für die Biomasseheizungen anzukurbeln. Dabei war es notwendig, Angebot und Nachfrage am Biomasseheizmarkt zu stärken. Dies wurde durch

- den Abbau von technischen und nicht technischen Hürden,
- die Unterstützung des Europäischen Biomasse-Aktionsplans,
- die Stärkung und den Aufbau der regionalen Biomasseinitiativen und
- Informationskampagnen erreicht.

Auf Basis des REGBIE+ wurde nach Abschluss des Forschungsprojektes im Jahr 2009 ein weiteres Informationsprojekt gestartet, um die Toleranz und Akzeptanz von Biomasse als Energieträger der Zukunft zu erhöhen. Das Forschungsprojekt „Agri for Energy 2" beschäftigte sich dabei aufgrund der EU-weiten Bedeutung von Energiepflanzenanbau und Holznutzung mit den zukünftigen Energiemärkten durch eine Integration der lokalen und regionalen Land- und Forstwirtschaft. Damit eine gesteigerte Akzeptanz für die Bioenergie erreicht werden kann, wurden im Forschungsprojekt die

- verfügbaren Rohstoffpotentiale,
- Einbindungsmöglichkeiten von Bioenergie in den Regionen,
- Good-Practice Beispiele

ausgearbeitet und an Schulen, bei Betreibern von Nah- und Fernwärmenetzen, öffentlichen Verwaltungen, Landwirten und der allgemeinen Öffentlichkeit vorgestellt (Rottmann-Meyer, 2012)

5 FORSCHUNGSANSATZ

Wie in Kapitel 4 beschrieben wurde, gibt es schon einige Forschungstätigkeiten im Bereich Pellets aus der Biomasse. Aufgrund des steigenden Nutzungsbedarfs von Holzpellets, nicht nur in Österreich sondern in der gesamten Europäischen Union, steigt die Nachfrage für kostengünstige Rohstoffe zur Herstellung von Pellets. In Abbildung 5-1 sind die Importströme von Pellets für den europäischen Markt dargestellt (Rakos, 2013). Daraus ist ersichtlich, dass die USA und Kanada die wichtigsten Importeure sind. Der Grund hierfür sind die dortigen günstigen Rohstoff- und Herstellungspreise für Pellets.

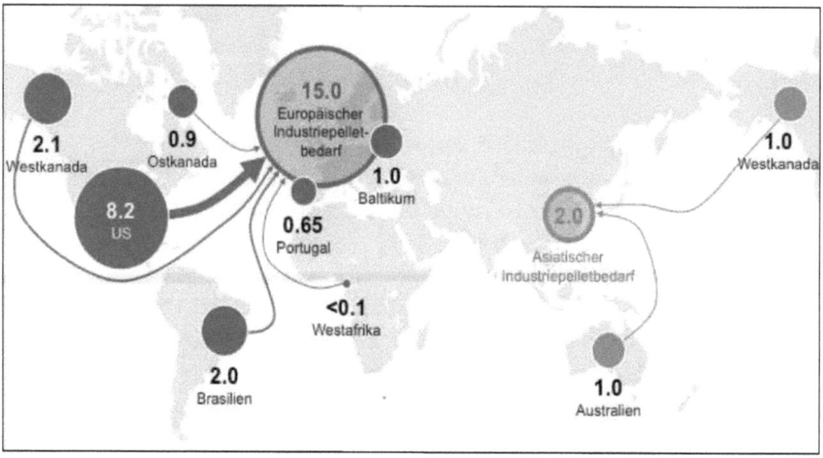

Abbildung 5-1 Prognose für den Welthandel von Industriepellets im Jahr 2015 (Rakos, 2013)

Industriepellets werden im österreichischen privaten Haushalt nicht eingesetzt, da die gesetzlichen Anforderungen nicht erfüllt werden können. Da der Rohstoffpreis in den USA und Kanada im Vergleich zu dem in Österreich sehr günstig ausfällt, könnten die importierten SNP als Herstellungsgrundlage herangezogen werden. Was allerdings für die österreichischen Hersteller spricht, sind die regionale Verfügbarkeit von Holz und die Nähe zu den waldreichen ehemaligen Ostblockstaaten und daher wird noch auf die SNP aus diesen Regionen gesetzt.

Um in Zukunft wettbewerbsfähiger zu sein, sollen die Herstellungskosten für die Produktion von Holzpellets gesenkt werden, da dieser Bereich der kostenintensivste Faktor ist. In der vorliegenden Arbeit wurden die Herstellungskosten in Produktionsabschnitte untergliedert. Der Trocknungsabschnitt und die Pelletierung weisen die höchsten verbrauchsgebundenen Kosten bei der Produktion von Holzpellets auf.

Daher soll untersucht werden, welche effizienzsteigernden Maßnahmen im Produktionsprozess möglich sind, um den Herstellungspreis von Holzpellets zu senken. Die Untersuchungen sollen an einem österreichischen Produktionsstandort erfolgen und die Erkenntnisse so aufbereitet werden, dass die Maßnahmen bei anderen Standorten eventuell umgesetzt werden könnten. Für die Untersuchungen und Recherchen sind sieben Monate geplant, welche im Detail in Tabelle 5-1 zu entnehmen sind.

Tabelle 5-1 Zeitplan für die Ausarbeitung von Energieeffiziente Maßnahmen an einem Holzpelletsproduktionsstandort (eigene Darstellung, 2015)

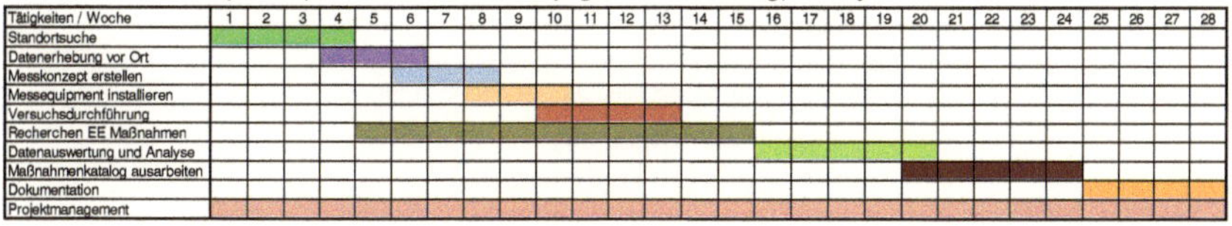

5.1 Arbeitspaket-Spezifikation

Tabelle 5-2 Definition der Arbeitspakete (Fanhauser, 2015)

ARBEITSPAKET - SPEZIFIKATIONEN	
AP Projekt-management	**AP-Inhalt** • Erstellung Projekthandbuch • Kommunikation (Telefon, E-Mail) • Office Tätigkeiten
	AP-Nicht-Inhalte • Kostenanalyse Projektmanagement • Protokollführung Projektmanagement • Festlegung Projektspielregeln
	AP-Ergebnisse • Projekthandbuch • Forschungsarbeit
	AP-Leistungsfortschrittsmessung • Prozentuelle Fertigstellung im Zeitplan

<table>
<tr><th colspan="2">ARBEITSPAKET - SPEZIFIKATIONEN</th></tr>
<tr><td rowspan="4">AP Standortsuche</td><td>AP-Inhalt
• Kommunikation mit Produktionsstandorte
• Technologieerhebung am Produktionsstandort</td></tr>
<tr><td>AP-Nicht-Inhalte
• Mehrere Standorte untersuchen</td></tr>
<tr><td>AP-Ergebnis
• Produktionsstandort für experimentelle Forschung
• Produktionsstandort mit Standortansprechpartner</td></tr>
<tr><td>AP-Leistungsfortschrittsmessung
• Prozentuelle Fertigstellung im Zeitplan</td></tr>
<tr><td rowspan="4">AP Datenerhebung</td><td>AP-Inhalt
• Erfassung von Betriebsmitteln am Produktionsstandort
• Energiebuchhaltung analyiseren
• Betriebsparameter erheben</td></tr>
<tr><td>AP-Nicht-Inhalte
• Energiemanagement evaluieren</td></tr>
<tr><td>AP-Ergebnis
• Vollständige Datenerhebung</td></tr>
<tr><td>AP-Leistungsfortschrittsmessung
• Prozentuelle Fertigstellung im Zeitplan</td></tr>
<tr><td rowspan="4">AP Messdurchführung</td><td>AP-Inhalt
• Erstellung Messkonzept
• Aufbau Messgeräte am Standort
• Messdurchführung
• Abbau Messgeräte am Standort</td></tr>
<tr><td>AP-Nicht-Inhalte
• Auswertung von Daten</td></tr>
<tr><td>AP-Ergebnis
• Datenmaterial für die Weiterverarbeitung</td></tr>
<tr><td>AP-Leistungsfortschrittsmessung
• Prozentuelle Fertigstellung im Zeitplan</td></tr>
<tr><td rowspan="4">AP Auswertung</td><td>AP-Inhalt
• Analyse thermische und elektrische Energieverbräuche
• Analyse Lastprofil
• Sankey Diagramm erstellen
• Schnittstellen für potentielle Energieeffizienzmaßnahmen aufzeigen</td></tr>
<tr><td>AP-Nicht-Inhalte
• Praktische Umsetzung der gewählten Variante</td></tr>
<tr><td>AP-Ergebnis
• Informationen über Energieverbrauch
• Sankey Diagramm</td></tr>
<tr><td>AP-Leistungsfortschrittsmessung
• Prozentuelle Fertigstellung im Zeitplan</td></tr>
</table>

ARBEITSPAKET - SPEZIFIKATIONEN	
AP Recherchen	**AP-Inhalt** • Stand der Technik für Pelletsindustrie erheben • Technische Möglichkeiten im Bereich der Energieeffizienz in der Industrie • Einsatz von möglichen erneuerbaren Energie im Produktionsprozess
	AP-Nicht-Inhalte • Praktische Umsetzung der gewählten Variante
	AP-Ergebnis • Informationen über Energieeffizienz in der Industrie
	AP-Leistungsfortschrittsmessung • Prozentuelle Fertigstellung im Zeitplan
AP Maßnahmenkatalog	**AP-Inhalt** • Entwicklung von potentiellen Maßnahmen zur Senkung des Energieverbrauchs • Entwicklung von potentiellen Maßnahmen zur Steigerung der Energieeffizienz • Einsatz von möglichen erneuerbaren Energie im Produktionsprozess
	AP-Nicht-Inhalte • Praktische Umsetzung der gewählten Variante
	AP-Ergebnis • Maßnahmenkatalog zur Energieeffizienzsteigerung im Betrieb • Mögliches Einsparungspotential an ausgewählten Standort
	AP-Leistungsfortschrittsmessung • Prozentuelle Fertigstellung im Zeitplan

5.2 Projektpersonaleinsatzplan

Tabelle 5-3 Projektpersonaleinsatzplan (Fankhauser, 201)

PROJEKT-PERSONALEINSATZPLAN				
Phase	**Anteil in %**	**Ressource**	**Planmenge in Manntagen**	**Abweichung / Kommentare**
Projektmanagement	8	Fankhauser	10 MT	
Standortsuche	25	Fankhauser	20MT	
Datenerhebung vor Ort	25	Fankhauser	5MT	
Messkonzept erstellen	8	Fankhauser	10MT	
Messequipment installieren	2	Fankhauser	1,5MT	Inklusive Abbau Messequipment
Versuchsdurchführung	10	Fankhauser	0,5MT	Online Kontrolle von Messdaten
Recherchen Energieeffiziente (EE) Maßnahmen in der Industrie	10	Fankhauser	10MT	
Datenauswertung und Analyse	6	Fankhauser	5MT	
Maßnahmenkatalog ausarbeiten	8	Fankhauser	10MT	
Dokumentation	6	Fankhauser	5MT	
Gesamt	**100 %**		**77,5MT**	

6 VERZEICHNISSE

6.1 Literaturverzeichnis

Berner J. (2013): Der Pelletspreis wird sich in etwa auf dem jetzigen Niveau stabilisieren, abgerufen am abgerufen am 25.10.2014 um 21:45 Uhr: http://www.pelletshome.com/pellets-news/der-pelletspreis-wird-sich-in-etwa-auf-dem-jetzigen-niveau-stabilisieren

Biermayer P. (2013): Erneuerbare Energie in Zahlen – Die Entwicklung erneuerbarer Energie in Österreich im Jahr 2012, Wien, Bundesministerium für Land- und Forstwirtschaft, Umwelt und Wasserwirtschaft

Biomasseverband (2015): Was ist Biomasse und Bioenergie?, abgerufen am 18.02.2014 um 19:15 Uhr: http://www.biomasseverband.at/bioenergie/was-ist-biomasse-und-bioenergie/

BMLFUW (2015): Die Klimaschutzinitiative klima:Aktiv, abgerufen am 16.02.2014 um 22:15Uhr: http://www.bmlfuw.gv.at/umwelt/klimaschutz/klimapolitik_national/klima-aktiv.html

Breuss A. (2012): Thermische Verwertung von Naturschutzheu, abgerufen am 29.04.2015 um 13:15 Uhr: http://www.ra2.at/heupelletsprojekt abgerufen am 30.04.2015

Bundeskanzleramt (2010): Österreichisches Reformprogramm für Wachstum und Beschäftigung, Wien, Entwurf 2010, Bundeskanzleramt Abteilung IV/8

Bundeskanzleramt (2015): Fünf Kernziele für Europa und für Österreich, abgerufen am 15.02.2015 um 12:15Uhr: http://www.bka.gv.at/site/4890/default.aspx

Deutsches Pelletinstitut (Hrsg.) (o.A.): Vom Abfallprodukt zum Brennstoff, abgerufen am 14.03.2015 um 20:15Uhr http://www.depi.de/media/filebase/files/infothek/images/DEPI_Herstellung_Holzpellets.jpg

Döring S. (2010): Pellets als Energieträger, Technologie und Anwendung, 1. Auflage, Heidelberg, Springer Verlag Berlin

EnergieAgentur.NRW (2009): Holzpellets. Der Brennstoff der Zukunft, Düsseldorf, 2009, Ministerium für Wirtschaft, Mittelstand und Energie des Landes NRW

Ebner G. (2006): Pellets-Herausforderung, Bedarfs- übersteigt Produktionszunahme, abgerufen am 07.03.2015 um 15:30 Uhr: http://www.timber-online.net/?+Pellets-Herausforderung+&id=2500%2C1073272%2C%2C%2CY2Q9MzMma3c9dmlldw%3D%3D

Europäische Kommission (2014): Europe 2020 -Europe's growth strategy: growing to a sustainable and job-rich future, Brüssel, Europäische Union Amt für Veröffentlichungen

Gansberger M.; PichlerW.; M Wopienka E. & Mayr J. (2015): Sida hermaphrodita (l.) Rusby – ein Rohstoff mit vielen Gesichtern, In: Forschungsverbund BioUp (Hrsg.): Biomasse: Forschung – nNormung- Technik: BioUp Fachtag, 22. April 2015 in Wien, Wien, S. 4

Grohsebner C.; Beer R.; Rossnagl F.; Eder M.; Brgmann E., Ziegler R.; Brandstetter S. (2013): Daten und Zahlen 2013, Wien, Bundesministerium für Land- und Forstwirtschaft, Umwelt und Wasserwirtschaft, Seite 14-15

Hiendlmayer S. (Hrsg.) (2010): Heizen mit Getreide, abgerufen am 24.03.2015 um 16:25Uhr: http://www.carmen-ev.de/files/informationen/getreideheizen.pdf

Haider A. (2015): Telefonat mit Holzforschung Austria am 17.03.2015 um 11:25Uhr

Hartmann H.; Roßmann P.; Turowski P.; Ellner-Schuberth F.; Hopf N.; Bimüller A. (2007): Getreidekörner als Brennstoff für die Kleinfeueranlagen – Technische Möglichkeiten und Umwelteffekte, Schriftenreihe „Berichte im Rahmen aus dem TFZ", Band 13, Straubing

Jauschnegg H. & Pfemeter C. (2013): Basisdaten 2013 – Bioenergie, Wien, Österreichischer Biomasse-Verband

Kanzian J. (2007): Nach Zwischentief, Nächster Pelletsboom steht vor der Tür abgerufen am 07.03.2015 um 15:30 Uhr: http://www.timber-online.net/?+Nach+Zwischentief+&id=2500%2C4348928%2C%2C%2CY2Q9MjQma3c9dmlldw%3D%3D

Kissling J.W.; Prem J., Annerl M.; Ziehaus L.; Rossnagl F.; Schima J.; Mannsberger G. (2009): Der österreichische Wald, Wien, Bundesministerium für Land- und Forstwirtschaft, Umwelt und Wasserwirtschaft

Lang B. (2013): Holzströme in Österreich – Holz: Lebensgrundlage – Rohstoff – Erneuerbare Energie, Wien, Bundesministerium für Land- und Forstwirtschaft, Umwelt und Wasserwirtschaft

Lousada J. & Telmo C. (2011): Heating values of wood pellets from different species, Losebl.-Ausg., Biomass & Bioenergy 35, 2634-2639

Niederhäusern A. (2014): Pelletmarkt: Alle warten auf einen kalten Winter, abgerufen am 18.03.2015 um 00:15 Uhr: http://www.pelletpreis.ch/de/article/29865/pelletmarkt-alle-warten-auf-einen-kalten-winter

Obernberger I (2000): Thermische Nutzung fester biogener Brennstoffe, Schriftenreihe „Regenerative Energien in Ungarn und in Deutschland, Düsseldorf, VDI Verlag GmbH, Seiten 59-101

Obernberger I. & Thek G. (2009): Herstellung und energetische Nutzung von Pellets, Schriftenreihe „Thermische Biomassenutzung", Band 5, 1. Auflage, Graz, Medienfabrik Graz GmbH

ÖNORM M17135 (2000): Presslinge aus naturbelassenem Holz oder naturbelassene Rinder, Pellets und Briketts, Anforderungen und Prüfbestimmungen, Österreichisches Normungsinstitut

Österreichischer Kachelofenverband (2010): Die Entwicklung des Pelletsmarktes in Österreich, abgerufen am 14.03.2015 um 17:15 Uhr: http://www.unserkachelofen.at/2010/09/940/

Pichler W. (2014): SIDecA, abgerufen am 30.04.2015 um 11:15 Uhr: http://www.holzforschung.at/projektdetails.html?&tx_ttnews[tt_news]=324&cHash=1847c213c7c36a14b36054938375cfe9

proPellets (Hrsg.) (2015): Versorgungssicherheit und Wirtschaftswachstum mit Pellets, abgerufen am 16.03.2015 um 20:00 Uhr: http://www.propellets.at/versorgungssicherheit-und-wirtschaftswachstum-2/

proPellets (Hrsg.) (2014b): Pelletproduktionen und Aussenhandel 2013, abgerufen am 28.02.2015 um 14:25 Uhr: http://www.propellets.at/de/heizen-mit-pellets/statistik/

Rakos C. (2013): Holzpellets – Wärme die nachwächst, Wien, proPellets Austria

Rieker C. (2010): C4-Kompakt 'Entwicklung einer optimierten Produktionskette für die Bereitstellung von Miscanthus-Mischpellets zur Nutzung in Biomassefeuerungsanlagen', abgerufen am 02.05.2015 um 11:30 Uhr: http://www.fisaonline.de/index.php?lang=dt&act=research_prog&rp_id=102

Rottmann-Meyer M.-L. (2012): Agri for Energy 2, abgerufen am 03.05.2015 um 14:10 Uhr: http://www.3-n.info/index.php?con_kat=208&con_art=1497&con_lang=1

Russ W. (2011): Waldinventur 2007/09, Wien, Bundesforschungs- und Ausbildungszentrum für Wald, Naturgefahren und Landschaft

Schlagitweit C. (2015a): öst. Pelletprod. Anfang 2015, Verein proPellets Austria, Schriftverkehr am 03.03.2015 um 13:59 Uhr

Schlagitweit C. (2015b): Telefonat mit Verein proPellets Austria am 03.03.2015 um 13:59 Uhr

Schlagitweit C. (2015c): Pelletpreisreihen seit 2000, Schriftverkehr am 03.03.2015 um 13:59 Uhr

Schlagitweit C. (2015d): Schriftverkehr mit proPellets Austria am 04.03.2015 um 09:03 Uhr

Schlagitweit C. (2015e): Einfuhr Pellets 2009-14, Schriftverkehr mit proPellets Austria am 16.03.2015 um 11:22 Uhr

Schlagitweit C. (2015f): Ausfuhr Pellets 2009-14, Schriftverkehr mit proPellets Austria am 16.03.2015 um 11:22 Uhr

Schmalzried R. und Frey D. (2015a): Was sind Hackschnitzel, abgerufen am 18.02.2015 um 20:15 Uhr: http://www.aktion-holz.at/hackschnitzel/was-sind-hackschnitzel

Schmalzried R. und Frey D. (2015b): Was ist Scheitholz?, abgerufen am 18.02.2015 um 20:17 Uhr: http://www.aktion-holz.at/scheitholz/was-ist-scheitholz

Schneider & Hartmann (2006): Maize as Energy Crop for Cumstion – Agricultutral Optimisation of Fuel Supply, Schriftenreihe „Berichte im Rahmen aus dem TFZ", Band 9, Straubing

Statistik Austria (2015a): Statistik - Heizungen 2003 bis 2012 nach Bundesländern, verwendetem Energieträger und Art der Heizung, abgerufen am 18.02.2015 um 22:08 Uhr: http://www.statistik-austria.at/web_de/statistiken/energie_und_umwelt/energie/energieeinsatz_der_haushalte/index.html#index1

Statistik Austria (2015b): Statistik - Gesamtenergiebilanz Österreich 1970 bis 2013, abgerufen am 30.01.2015 um 12:45 Uhr: http://www.statistik.at/web_de/statistiken/energie_und_umwelt/energie/energiebilanzen/index.html

Statistik Austria (2015c): Land- und Forstwirtschaftliche Erzeugerpreise, abgerufen am 08.03.2015 um 21:20 Uhr: http://www.statistik.at/web_de/statistiken/land_und_forstwirtschaft/preise_bilanzen/preise_preisindex/index.html

Stol (Hrsg.) (2014): Heizen mit Pellets soll teurer werden, abgerufen am 18.03.2015 um 00:15 Uhr: http://www.stol.it/Artikel/Politik-im-Ueberblick/Politik/Heizen-mit-Pellets-soll-teurer-werden

Strimitzer (2014): Holzströme in Österreich- Datengrundlage 2012, Wien, Bundesministerium für Verkehr, Innovation und Technologie

Stockinger H. & Obernberger I. (1998): Systemanalyse der Nahwärmeversorgung mit Biomasse, Schriftenreihe „Thermische Biomassenutzung", Band 2, 1. Auflage, Graz, Medienfabrik Graz GmbH

Vetter A. (2010): Eignung und Optimierung von Halmgutpresslingen für kleine und mittlere Feuerungsanlagen, abgerufen am 02.05.2015 um 10:15 Uhr http://www.fnr.de/index.php?id=955&tabelle=fnr_projekte&alles=1&status=Inhalt&zeitraum=Aktuell&fkz=22004207&suchefkz=&sucheadresse=&von=05.01.2009&bis=05.01.2011&zeitraum=formular&untertitel=Bioenergie&was=&produktlinie=90&minz=30&maxz=40&zurueck=Stichwort

Wiener Warenbörse AG (2015): Kursblätter der Wiener Warenbörse Holz 2005-2015, http://www.wienerborse.at/marketplace_products/commodity/holzkursblatt.html, abgerufen am 05.03.2015 um 16:40 Uhr

Wiener Warenbörse AG (Hrsg.) (2001): Österreichische Holzhandelsusance – Rohholz, Band C, 1.Auflage, Wien, Wiener Börse AG, Seiten: 53-104

Weigl M.; Haider A.; Pichler W.; Steiner M.; Pain M.; Götzl R.; Schlapschy J.; Jörg K. (2014): Experience in hardwood utilisation for solid biofuels with focus on the reduction of ash content, IAWS PLENARY MEETING 2014 – ECO-EFFICIENT RESOURCE WOOD WITH SPECIAL FOCUS ON HARDWOODS

Witt J. (2012): Holzpelletbereitstellung von Kleinfeuerungsanlagen, Analyse von Einflussmöglichkeiten auf die Brennstofffestigkeit, 1.Auflage, Leipzig, DBFZ Deutsches Biomasseforschungszentrum gemeinnützige GmbH

6.2 Tabellenverzeichnis

6.3 Abbildungsverzeichnis

6.4 Abkürzungsverzeichnis

a	Jahr
Efm	Erntefestmeter
fm	Festmeter

Gew%	Gewichtsprozent
Ha	Hektar
kg	Kilogramm
kJ	Kilojoule
PJ	Petajoule
SNP	Sägenebenprodukte (Späne, Hackgut, Spreißel, Schwarten,...)
srm	Schüttraummeter
t	Tonnen
TJ	Terajoule
Vfm	Volumfestmeter